梯田栗园一角

蒙山魁栗总苞初裂状

石丰栗生长结果状

海丰栗坚果与总苞

1

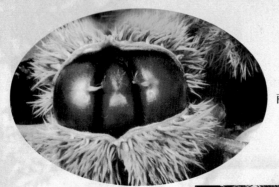

丽抗栗总苞开裂状

郯城 207 栗生长结果状

沂蒙短枝栗生长结果状

垂枝栗 2 号生长状

2

莱西大油栗生长结果状

泰栗 1 号总苞开裂露出坚果状

红栗生长结果状

华丰栗总苞初裂状

3

浙早1号栗生长结
果及总苞开裂状
（李金昌等摄）

浙早2号栗生长结果及总
苞开裂状（李金昌等摄）

云良栗生长结果及坚
果形状（陈斌等摄）

春季幼树插皮嫁
接板栗接穗状

4

板栗嫁接后第一年生长结果状（树高80厘米）

板栗嫁接后第三年生长结果状（树高1.32米）

6年生密植栗园一角（树高1.72米）

10年生板栗树生长结果状（树高2.53米，冠径4.5米，株产量17.3千克）

产量为每667平方米700.8千克的板栗园一角

需间伐或间移的密植板栗园行间交接状

间移密植园板栗树

间移板栗树成活后生长状

6

对密植园内保留的永久
板栗树进行拉枝开角

短截内膛徒长枝
培养结果枝组

密植园内保留的永久板栗树
改造成小冠疏层形后结果状

对实生劣种大栗树进行换优高接

7

板栗花生间种状

进行果前梢摘心

疏除雄花序

果前梢全部摘除后的结果状

8

农作物种植技术管理丛书

怎样提高板栗栽培效益

编著者

张铁如　张　羼

张　巍　刘　斌

金盾出版社

内 容 提 要

本书是作者30多年从事板栗栽培技术研究和大面积开发研究的成果,以及调查研究国内外栗产业生产经营状况的结晶。内容包括:提高板栗效益的重要性和板栗种植效益的现状;通过选用良种、建设高标准栗园、科学进行土肥水管理、细致搞好花果管理、改良板栗实生低产大树和改造郁闭密植栗园、整形修剪、综合防治病虫害等途径,提高板栗的产量和质量,并采取多元化经营方略,增加板栗附加值等方面,全面提高板栗的种植效益。全书内容翔实,技术配套,图文并茂,通俗易懂,实用性和可操作性强。适合广大板栗生产者和经营板栗的工商业者阅读,也适于从事板栗科研、培训、加工、营销、果树产业管理人员及农林院校师生阅读参考。

图书在版编目(CIP)数据

怎样提高板栗栽培效益/张铁如等编著.—北京:金盾出版社,2006.6
ISBN 978-7-5082-4032-9

Ⅰ.怎… Ⅱ.张… Ⅲ.板栗-果树园艺 Ⅳ.S664.2

中国版本图书馆 CIP 数据核字(2006)第 029647 号

金盾出版社出版、总发行
北京太平路5号(地铁万寿路站往南)
邮政编码:100036 电话:68214039 83219215
传真:68276683 网址:www.jdcbs.cn
彩色印刷:北京百花彩印有限公司
黑白印刷:北京兴华印刷厂
装订:双峰装订厂
各地新华书店经销
开本:787×1092 1/32 印张:8.375 彩页:8 字数:179 千字
2009 年 6 月第 1 版第 4 次印刷
印数:27001—37000 册 定价:13.00 元

前　言

　　板栗是我国的著名特产。我国板栗以其优良的品质和独特的抗逆性能，而享誉全球。我国板栗的产量占世界食用栗总产量的 60% 以上，是食用栗国际贸易中无竞争对手的优势产品。

　　我国板栗的栽培，正在经历着由实生繁殖、分散稀植、粗放管理或放任不管的野生与半野生状态，向良种化、专业化、规模化、集约化和社会化的现代农业转变的过程之中。在较为先进的产地和园地，板栗已进入高效农业梯队，成为建设社会主义新农村的支柱产业；而相当多的产区，还在传统生产方式上原地踏步，或在应用先进技术成果上刚刚起步。在先进板栗园与欠先进板栗园之间，板栗种植效益相差 20 倍之多。因此，大力引进、消化吸收先进技术成果，并提高再创新能力，促进产区之间的平衡发展，已成为我国板栗产业发展和提高效益的当务之急。板栗科技工作者在这一历史性转变中承担着重要的社会责任。基于这种思考，笔者将从事板栗栽培技术研究与开发 30 余年的研究成果，以及对国内外有关情况的调研所得，写成此书。

　　提高板栗种植效益，从微观层面上说，是指板栗种植者怎样以同样的投入，获得最大限度的收益；或是获取同等的收益，而只付出最小限度的投入。从宏观层面上说，除种植板栗所获取的收益外，还包括其后续产业的增值及其保护人类生存环境，维持和改善生态平衡，提高人类生活质量等方面，难以估量的巨大社会效益。

提高种植板栗的效益，是一项复杂的系统工程，既要有先进的配套技术和较高素质的生产经营人才，又要有完善的服务体系和先进的生产方式，还要有合理的制度（政策）安排，缺一则不能奏效。本书除从技术方面进行了较为详尽的阐述外，也从增值方略等方面加以阐述。企望能通过自己所尽的绵薄之力，抛砖引玉，引起有志于振兴板栗产业的各界人士的关注。以便群策群力，共同为提高板栗效益，把我国由板栗生产大国变为板栗产业强国而添砖加瓦。希望在世界经济一体化的进程中，进一步巩固和发展我国板栗的优势地位。

在本书的编著过程中，参阅了部分相关专著、国家标准、行业标准，以及刊发的论文，在此向作者致谢。书中第二章中"引种日本栗品种"一节，承蒙日照市林业局高级工程师王云尊先生提供了相关资料，并进行了审修，在此特致以衷心的感谢！

由于水平所限，书中偏见与错误之处在所难免，敬请读者不吝指教。

张铁如

2006 年 3 月

电话：0539—5660453

目　　录

第一章　概　述

第一节　提高板栗种植效益的重要性

一、板栗种植效益的涵义

效益,是经济活动中使用频率很高的一个术语。它是指在经济活动中劳动消耗(投入)与劳动成果(产出)之间的比。在市场经济制度下,最好的效益就是指用最小限度的投入,取得最大限度的收益。用公式表示为:

$$经济效益 = \frac{产出}{投入} = \frac{成果}{劳动消耗}$$

由于产出是指成果,是指满足社会需要的产品和劳务,其成果都可以用使用价值来表示。投入不论其形式如何,都可以归结为劳动的消耗。因此,经济效益也可表示为使用价值与社会劳动消耗之比,即:

$$经济效益 = \frac{使用价值}{社会劳动消耗}$$

在生产过程中,产出的价值必须大于投入的价值,也就是说投入产出之比必须大于1,才会创造新价值,财富才能积累,生产才会扩大;反之,等于1或小于1,则会出现停滞不前或逐步萎缩的局面。经济效益的内涵,包括宏观和微观两个方面。所谓宏观,是指从整个国家、整个社会乃至全世界的角度来观察的经济效果;所谓微观,是指从生产者自身的角度来观察的经济效益。

提高效益是经济活动的最终目的。就板栗种植而言,从微观层面来说,就是指种植者采用先进的技术和多元化的经营方略,用同等的投入,获取最大限度的收益;或是获取同等的收益,只付出最小限度的投入。通俗一点说,提高效益是多种因素的复配结果。首先要用较低的成本获得较高的产量和优质的板栗,再采用有效的经营方略和产后增值方略,卖出较高的价格。用通俗简单的公式表示就是:

效益＝产量×价格－成本

从宏观层面来说,除上述内容之外,还包括其后续产业的增值及其保护人类生存环境,维持和改善生态平衡,提高人类生活质量等方面,所具有的难以估量的、全社会共享的巨大效益。

要提高板栗的经济效益,从整体而言,要通过内涵扩大再生产与外延扩大再生产两条途径来实现。内涵扩大再生产,就是已经种植板栗的经营者,在不扩大生产规模的情况下,通过采用新的栽培技术和经营方略,来获取数量更多、质量更好的产品和效益;外延扩大再生产,就是已种植板栗者和尚未种植板栗者,通过扩大生产规模和延长产业经营链条,来获取更多的板栗,产生更大的附加收益。

二、提高板栗种植效益是事关人们安康和福祉的重要事业

经营板栗等果树经济林,是大农业的重要组成部分。确保农业的可持续发展是我国的基本国策之一,也是贯彻落实科学发展观的一个重要方面。纵观我国板栗发展的历史和现状,提高板栗种植效益的重要性,至少有以下四个方面:

(一)可以补充草本粮食的不足

农业是安天下的战略产业,粮食是人类生存最基本的食品,粮食生产安全是可持续发展农业的重要组成部分。板栗营养丰富,素有"人参果"和"干果之王"的美称。据国家食品检测中心测定,每100克干栗仁中,含淀粉约65%,蛋白质7%～9%,糖20%～25%,以及钙、铁、磷等矿物质,与胡萝卜素、多种维生素、氨基酸等营养物质。板栗与人类最重要的淀粉食物大米、小麦、玉米相比,淀粉含量大体相近,而板栗淀粉粉质细腻,支链淀粉含量高,远非米、麦淀粉所能相比;脂肪含量比小麦高1.1倍,比玉米粉高15.4%;氨基酸的含量比玉米、大米和面粉高1.5倍。米、面中所缺少的维生素C成分,每100克板栗中的含量为30～40毫克;钙、铁的含量也比小麦、玉米高1.3倍。因此,板栗又被称为"木本粮食"和"铁杆庄稼"。我们的祖先以栗充饥。战争年代,以栗子做军粮和调养伤病员的记载也遐迩闻名,广为传颂。

联合国粮农组织提出,解决世界人口增多、耕地减少、粮食缺口大和生态环境不平衡的问题,需要"木本粮食"补充草本粮食。我国是可耕地资源紧缺的国家,以占世界9%的耕地,养育了占世界20.3%人口(2005年资料)。因此,充分利用荒山丘陵发展"木本粮食",应该并已经成为解决我国粮食安全生产的第二条战线。

(二)可以加快山区的建设

我国相对贫困的人口,主要分布在山区。我国的板栗资源和栽培地,也主要分布在山区。在有板栗资源优势的山区,发展这一优势产业,变资源优势为产业优势,是山区脱贫、致富进而实现小康,建设社会主义新农村的重要措施之一。湖北省罗田县,常年的板栗产量为3 000万千克左右,板栗系列产品的产值为 5.4 亿元；全县农民收入的 32.6%，县级财政收入的 28%，均来自板栗生产。安徽省金寨县种植板栗的农户约 6 万户，占全县总农户的 60%，2005 年仅板栗一项年收入 5 万元以上的有 230 户，收入 3 万～5 万元的有 310 户，收入 1.5 万～3 万元的有 550 户，1 万～1.5 万元的有 900 户，0.5 万～1 万元的有 1 200 户，2 000～5 000 元者比比皆是。山东省费县马头崖流域，地处蒙山腹地，属纯山区，全流域 11 000 多人。该流域在科技人员的帮助下，推广应用先进技术，对板栗进行大面积开发，自 2003 年起，仅板栗一项，人均年收入 2 500 元左右。板栗产业的发展，又带动了商贸、物流、加工和旅游业的发展，现已成为山东省纯山区以板栗为支柱产业，实现小康的典型之一。河北省遵化县达志沟村，板栗人均年收入 6 000 多元。这些典型事例都充分证明，因地制宜发展板栗产业，是山区建设社会主义新农村的重要措施之一。

(三)可以改善和保护生态环境

板栗等果树经济林，不仅为人类提供了食物、木材、药材和多种工业原料，还具有涵养水分、防止水土流失、供给氧气、保护鸟类和保护生物多样性等多种生态保护功能。它关系着人类的安康和福祉。业内专家测定确认，每平方米经济林地，每年可涵养水 0.8 立方米，即每 667 平方米(1 亩，下同)，每年可涵养水 533.6 立方米；经济林每增加 1 千克的干重，可释放出氧气 1.2 千克。据中国科学院林业土壤研究所调查，板栗树 30 年内每 667 平方米平均年木材蓄积量一般为 0.22 立方米，干重约 121 千克，则每 667 平方米可释放氧气 145.2 千克；每 667 平方米经济林地平均可增加栖息鸟类 0.22 只，每只鸟平均捕食虫 55 870 头；经济林地较无林地平均每年土壤侵蚀深度减少5毫米。山东省费县大悖罗湾村的崤山,在建设栗园之前,年土壤流失量为9 000吨/年·平方千米;建园之后,经过10年时间,土壤流失量下降至752吨/年·平方千米,由重度侵蚀降为微度侵蚀。刘腾火报道,福建省长汀县在河田镇进行栽培板栗、控制水土流失的试验研究,历经10年之后,板栗栽培地土壤流失量为244.8吨/年·平方千米,而对照区(马尾松林地)土壤流失则高达2 638吨/年·平方千米。以上这些全社会都受益的效益,是支持社会经济可持续发展的活资本。据杨志达报道,科学家曾对全球生态系统服务功能进行了评估,折合成经济价值约为33万亿美元。而2004年全球的GDP大约才18万亿美元。

(四)可以满足国内外板栗市场的迫切需要

在国际市场方面,世界食用栗除我国板栗外,还有欧洲栗、日本栗和美洲栗,产栗国有20多个。但由于欧洲栗、美洲栗产区栗疫病的蔓延,日本栗受栗瘤蜂的危害和劳动力成本高,栗产业比较效益下降,人口向城市转移等原因,其产量逐年滑坡。世界其他产栗国的总产量,占全世界食用栗总量的比例,由20世纪80年代的80%左右,已降至2004年的40%左右。然而,近年来栗子被营养保健专家和中医药专家推荐为集营养、保健、医疗功能于一身的健康食品,越来越受到人们的青睐。

我国板栗以"含糖高、糯性强、涩皮易剥"及抗逆性强等优良特性,在世界食用栗中独树一帜,无可替代,而无竞争对手。国际市场对我国炒食板栗的需求具有依赖性。主要进口我国板栗的日本,其栗专家竹田功先生在所著《日本栗》一书中称:"日本栗难剥涩皮,比中国栗子甜味少,成了扩大销售的难题,尤其炒栗子原料全部依靠从中国进口。"近年来,韩国、美国和俄罗斯,以及东南亚、欧洲和澳洲的国家,板栗消费群体逐渐扩大。据我国土产食品商会市场调查分析,国外市场栗年需求量为 200 万~250 万吨。我国板栗总产量虽已达到 70 万吨左右,占世界食用栗总产量的 60%,但仍货源紧俏,国际市场板栗价格攀升。经过初加工的生栗仁,每千克售价折合人民币在韩国为 90 元左右,在日本为 100 元左右。2005 年 9 月,在美国超市,生鲜栗的价格为每千克 6.15~6.59 美元,糖炒栗子为每千克 15.2 美元。

板栗的国内市场也十分看好。20 世纪 80 年代以前,我国板栗总产量的 70% 都用于出口换汇,国内人均消费量仅 10 克左右。那时,板栗只作为礼品和城市富裕家庭的珍稀副食品来消费。近年来,我国居民的板栗消费量显著增加。在全国 660 多个大、中、小城市中,板栗已逐渐成为市民的大众消费品。2005 年新栗上市后,苏州市从事糖炒栗子的摊点有 110 多个,日销售量近 30 吨;该市"金栗王"炒栗店每年销售 700 吨。杭州市路边一小炒栗摊点,2005 年 9 月底购栗 1 万千克,20 多天就销售一空。南京市 2005 年 9 月底至 10 月底,板栗日上市量为 250 吨,销售旺盛。这些事例都证明,随着全面建设小康社会的深入发展,国内市场潜力巨大。可以预期,到 2020 年我国城市人均消费板栗量如能达到 1 000克,农村人均达到 400 克左右的水平,全国的板栗总消费量就是 100 万吨左右。同时,我国的板栗深加工现在还相对落后,影响了板栗效益的提高,发展潜力也很大,板栗加工企业发展了,对原料的需求量也将会大幅度增加。

综上所述,提高板栗效益,是关系到消费者的安康和福祉,关系到社会主义新农村建设,关系到农业的可持续发展,关系到国内外贸易发展,带有全局性的事业。

第二节 我国板栗生产效益的基本状况

一、成绩回顾

我国板栗栽培已有 6 000 多年的历史。但长期以来,由于沿用实生繁殖、分散稀植、粗放管理或放任不管的传统生产方式,产量一直低而不稳。1978 年,全国平均每 667 平方米的栗产量只有 16 千克。板栗长期被人们认为是天生的低产果树。改革开放以来,科技进步加快,技术不断创新,促进了板栗产业的较快发展,使板栗种植效益有了较大的提高。主要表现在以下几个方面:

(一)良种选育结硕果

自 20 世纪 60 年代初开始,中国林业科学研究院林科所遗传育种研究室、江苏省植物研究所和山东省果树研究所等科研单位,开展了板栗资源调查和良种选育。北京、河北、浙江、辽宁、河南、陕西、广西和贵州等地相继展开。1985 年,农业部建立了国家种质泰安板栗园,收集了我国板栗各产区的代表类型品种 120 个。其中既有珍稀资源,又有栽培的、并已向国内板栗产区推广的良种。目前,全国产栗省、市都已选育出了本产区的优良品种,共 300 多个。

(二)栽培技术创新多

实生繁殖、分散稀植、粗放管理的传统经营方式,逐步被集约化的园艺栽培方式所取代。1971 年,山东省果树研究所率先在蓬莱县小柱村建立 0.152 公顷(2.28 亩)试验园。从 1972～1979 年的 7 年中,平均年 667 平方米产栗 280 千克,最高年份达 459 千克。这一典型摘掉了板栗是低产低效果树的"帽子",使科技人员和生产者看到了板栗增产的潜力和希望。山东省费县科委由笔者主持的课题组,承担的山东省重点科技攻关项目——板栗计划密植丰产栽培配套技术研究,历经21年(1976~1996),完成了从幼树密植早期丰产,到间移变化密度保持稳产,再到利用间移大树重建新园一个周期的配套技术研究和大面积开发试验,取得了5项重要科技成果。其中周家庄村1976年所建立的1 366.7平方米(2.05亩)试验园,1980年的667平方米产量为524千克,使我国板栗667平方米产量首次突破500千克大关;彭家岚子等15个村的66.67公顷(1 000亩)试验园中,1986年(5年生园)平均每667平方米产栗200.1千克,开创了我国板栗幼树大面积丰产的先例。山东省日照市林业局王云尊先生主持,于1990年在三庄镇所建立的0.262公顷(3.93亩)试验园,至2001年的11年中,平均年667平方米产量为520.5千克。其中自1994年起,连续8年的年667平方米产量突破500千克。1997年,平均每667平方米产量达706千克,创造了国内板栗667平方米产量的最高记录。目前,平均每667平方米产量在300千克以上的栗园,在栽培技术先进的板栗产区,已随处可见。同时,在其他栗产区也由点到面,发展迅速。这些实例,使各级干部和广大农民确立了"栽培板栗也是高效农业"的理念。在许多地区,板栗的技术开发已被列为当地的主导产业。

我国板栗在栽培技术方面取得的成果,也得到国际同行的认可。在第二届板栗国际研讨会上,美国专家称:"在(板栗)精耕细作方面,中国是独一无二的。"

此外,在板栗低产大树的改良、解决板栗和茅栗的嫁接亲和问题、改进嫁接技术、板栗子苗嫁接、节水灌溉和植保技术的变革与发展、板栗贮藏加工技术的创新与完善等方面,也都取得丰硕成果。

(三)国家标准连出台

我国于1988年制定了板栗丰产林国家标准(GB9982—88),1989年制定了适用于板栗生产、收购和销售的板栗国家标准(GB 10475—89),1993年又制定了板栗贮藏商业行业标准(SB/T 10192—1993)。这标志着我国板栗的栽培及其效益的分析衡量,已经步入了标准化、规范化的轨道,有力地促进了板栗种植效益的提高。

(四)安全生产受重视

安全食品(也有学者称作广义的无公害食品)是指从产品的种植、收获、贮藏、运输到加工,都采用无污染的生产资料和技术,实行从田间到餐桌的全程监控、卫生、营养与安全的食品。一般公认分为无公害食品、绿色食品和有机食品。

在管理层大力促进发展生态农业、开展《无公害食品行动计划》和国内外市场"绿色壁垒"日益强化的共同作用下,山东、北京、河北、河南、湖北、江西、浙江和四川等省、市,都已出现了规模不等的采用无公害食品、绿色食品和有机食品生产技术规范,进行板栗栽培的生产基地。这些生产基地大多数是由板栗加工企业推动的;也有一部分是科技人员推动并参与试点的;还有一部分是中、外合作建立的。其中河北省兴隆县有四个重点产栗村,经日本专家考察认定,成为日本两家公司的板栗有机食品生产基地。尽管当前的板栗安全食品生产还有待于进一步规范,但这一新生事物代表了板栗栽培发展的必然方向,也是提高板栗经济价值的一项重要措施。

(五)经营变革初见效

近年来,随着经济体制改革的深入发展,各个产区在栗园经营方式上,都实行了形式不同的、带有现代农业特征的经营模式。如出现了一批种植规模在十几公顷、几十公顷,可以称得上是"板栗庄园"的专业经营大户。再如,山东省日照市黄墩镇以公司为龙头,由农户和科技人员参加,采用"公司＋农户＋科技"的模式,建成一处加工厂和规模为 666.67 公顷(1 万多亩)的栗园,形成了产业链密切衔接的生产联合体。据曹尚银等报道,河南省信阳地区基本上实现了育苗专业化、建园基地化、加工贮藏工厂化与营销队伍专业化。这些经营模式,具有较强的活力,都较大幅度地提高了劳动生产率,为栗园经营由传统的小生产,向专业化、规模化、集约化、社会化大生产的现代栗园转变,迈出了重要的一步。

以上这些成绩,有力地促进板栗产量的大幅增长和种植效益的不断提高。2005 年全国总产量达到 70 万吨左右,加上后续产业链的增值,有专家估算,整个栗产业链的总产值在 130 亿元以上。

二、问题观察

我国提高板栗种植效益成绩斐然,有目共睹。但效益状况很不平衡,不容盲目乐观。2003 年,全国板栗平均 667 平方米的产量只有 24.7 千克,与高产园比较相差 20 倍之多。所以,从总体上说,目前板栗直接经济效益还处在低水平的层次上。影响效益提高的原因,可以归结为"管理粗放"。造成"管理粗放"的原因,主要有以下五点:

(一)指导机构不健全

一项产业的发展壮大,必须有健全的与其规模相适应的技术支撑体系。但是,在许多地方,特别是板栗栽培的新区,还没有相应的技术指导机构;也有一些老产区,原有的板栗技术指导体系,由于转制、资金短缺和编制变更等原因,使职能转向或缺位,出现了老的技术支持体系失灵了,新的支持体系尚未建立健全的脱节现象。栗农需要的技术得不到满足,有些栗农感叹说,以前是技术送到家门口,如今想求技术却找不到门。导致许多板栗栽培新技术,国家主管部门已经行文推广20多年,板栗丰产林国家标准也已制定了近20年,而许多产地的栗农,甚至基层技术推广人员却一无所知。技术支持体系中某些环节的缺位或无所作为,由此可见一斑。

(二)技术人员流失多

没有专业人才支撑的企业是空壳企业,没有掌握板栗先进实用技术的人所管理的栗园必定是低效栗园。在一些栽培技术相对先进的老产区,一般都有一批经过技术培训的中青年农民技术队伍。他们所管理的栗园,是高产稳产园的主体。可是,近年来由于农村劳动力向城市和农村其他产业转移,他们中的大部分都离开了栗园管理的岗位。山东省费县在20世纪80~90年代借实施板栗科技攻关项目之机,培训出578位板栗农民技术员、农技师和高级农技师。据2005年调查,已有503人已不再经营栗园,或进城务工,或转向商贸、运输与服务等产业。而接替他们管理栗园的人,有人戏称是"6038"部队,即60岁以上的老人和担当着繁重家务的中年女性。这部分人绝大多数过去没有经过技术培训,由于服务体系的缺位,现在也很少有人组织对他们进行技术教育,加之文化程度低,自学能力差,只凭想像随机管理。适得其反的错误操作,比比皆是。这种状况在一些板栗老产区不是个别现象。

(三)栗园规模多偏小

我国板栗园生产经营的主要方式是农户兼业经营,户均规模一般在1/3公顷以下,最少的不足1/15公顷,板栗收入在农户的经济总收入中所占比例较低。这种小农经济的经营方式,具有自发性、盲目性、保守性、不稳定性和信息资源匮乏、专业化程度低等问题,很难独立进行新技术的引进、开发和推广应用。即使大家都已经认可的技术措施,有时也难以实施。如有一片面积为 8/15 公顷的密植栗园,在 5 年生时曾创造过 667 平方米产量 552 千克的高产记录。这片栗园由 6 户农民分别承包,每户只有几行板栗树,到 8 年生时,就应作行间间移,对此大家也都认可。可是,户与户之间间移株数不一,互不相让。致使栗园郁闭渐重,产量逐年滑坡,产量降至每 667 平方米 180 千克,技术改造仍无法进行。因规模过小而制约效益提高的事例,在各产区都普遍存在。

(四)市场监管有弊端

20 世纪 80 年代以前,国营果品公司、外贸公司是板栗营销的主渠道。随着市场化程度的提高,各种经济成分迅速发展,国营主渠道经营的状况也从根本上被打破。目前,在一些集中产区,规范的板栗交易市场尚未建立,销售渠道狭窄。栗农销售产品的主要渠道是在产地卖给大大小小的商贩或经纪人。交易活动很少接受相关部门的监督、检查和指导。商家联手恶意压级压价,侵犯栗农利益的事情屡屡发生。2005 年新栗上市后,在山东某山区栗产地,商贩利用农民信息闭塞的弱点和急于出售的心理,联手将板栗收购价压低到每千克 4元,买入后当日就贩运至 320 公里外的大型综合批发市场,以每千克 10 元卖出,获取暴利。最近几年,我国板栗在国外市场的售价稳中有升。在国内,大、中城市消费量最多的"糖炒栗子"的价格也逐年上涨。然而,栗农的板栗销售价却逐年下滑,不升反而降低。这种不正常现象,与市场建设滞后,市场秩序混乱有着密切的关系,已经使栗农的积极性受到挫伤。

(五)加工落后损效益

用现代配方加工农产品已成为世界潮流,发达国家90%的农产品都是加工成制品。而我国板栗的加工制品,主要就是"糖炒栗子",深加工品种,特别是适宜大众常年消费的加工制品和能与国外品牌竞争的高档加工品均较少,影响了国内外市场的开拓和板栗生产效益的提高。

(六)制度不当有妨碍

对于板栗经济林的发展和经营,各地都有一些地方性规定,特别是乡、村级组织,作为承包经营的直接管理者和发包人,在本辖区之内,作出了一些比较具体的规定和安排,群众称之为"土政策"。在这些"土政策"中,有些是对板栗的发展和效益的提高起阻碍作用的。如有些适宜发展板栗的山坡,长满了次生林,效益很低,承包人要用效益高的板栗进行改造,却得不到主管部门的认可;有的板栗园承包经营期限很短,承包人无心进行有利于提高效益的农田水利建设;有的不准许承包人在园区内修建小型水利设施;有的密植栗园,发包方规定园内原貌不得变动,株植减少要罚款,使密植栗园间移无法进行,等等。这些制度性障碍也在一定程度上影响了板栗效益的进一步提高。

第三节　提高板栗种植效益的思考

提高板栗效益是一项复杂的系统工程,需要从全方位、多层次上加强工作,付出努力,才能达到理想的目的。

一、推广先进技术,实现板栗生产标准化

提高板栗种植效益,从根本上说,就是要推广先进技术成

果,改变实生繁殖、分散稀植、粗放管理和滥用农药、化肥的状况,实现板栗生产的标准化、有机化。主要包括园址空气洁净化、园地土壤深翻熟化、栽培品种良种化、栽植方式矮密化、肥水管理科学化、花果管理精细化、整形修剪规范化、病虫防治无毒化和增值方略多元化。要应用相应的具体技术和有效的措施,确保上述目的的实现。

二、推进生产经营方式向现代栗园转变

随着我国社会经济的全面发展,板栗农户兼业小规模经营的生产方式,已经程度不同地影响了效益的提高。因此,在坚持家庭联产承包为主体的经营体制下,应尊重栗农的意愿和创造精神,引导栗农逐步向专业化、规模化、集约化和社会化大生产的现代栗园目标转变。

(一)建设个人板栗庄园

在被拍卖经营权的荒山和西部退耕还林地中,部分经济实力较强的人承包了大面积的荒山,其中适宜种植板栗的残次林地和无林地,可改造或新建成现代化栗园。这种生产经营方式,产权明晰,专业化程度高,其收入归家庭支配。因此,有利于集中人力、物力和财力,用于技术推广和创新,以及产品的营销,也便于社会化服务组织对其进行帮助和指导。

(二)组织建立板栗生产合作社

组建的前提是农户自愿,家庭承包制不变。加入的栗农自愿联合,民主选举出与经营规模相适应的技术和经营管理责任人,制定规章制度,统一技术操作规程;既可自己进行技术操作管理,也可委托合作社代管,分户采收。合作社负责采集市场信息,组织指导贮藏和销售的活动。从农户收入中,每年提取适当比例,用于公共服务人员的报酬和合作社的公益

性建设。这是一种大统一、小分散的模式。在引进、消化、吸收先进技术成果并进行再创新,抗拒自然灾害,提高劳动生产率和拓宽销售渠道等方面,都优于农户兼业分散经营。

(三)组建股份制板栗生产开发公司

在集中产区,以村为单位,农户自愿参加,将自己的栗园经营权有期限或无期限作价入股,由公司统一进行技术和经营管理,收益按股份分配。这种模式可以有效地解决农户分散兼营所产生的弊端,有利于土地、劳力、人才和资金等资源的合理利用。

(四)建立"公司＋农户＋科技"的生产联合体

以产权明晰、运作规范的板栗加工企业为龙头,吸收板栗生产基地农户参加,聘用板栗科技人员加盟,组成产、供、销一体化的生产联合体。联合体内部设立产前、产中、产后服务的专业部门,统一操作技术规范,由专业部门指导操作管理,或由农户委托专业服务部门代为管理,产品主要由公司贮藏、加工和外销。这种模式既具有现代化大生产的优点,又符合我国家庭联产承包基本体制的现实。

三、建立健全服务体系

在重点产栗的省(市)、县一级,可建立板栗产业协会。由经贸、供销、林业和大中型食品加工企业等单位及科技人员与板栗生产大户代表组成。在较高的层次上,负责对技术、市场和加工等方面,进行组织、协调和服务。

在板栗集中产区的乡镇或历史形成的局部经济区域内,可建立农民板栗协会。协会以栗农中的技术骨干和营销经纪人为主体,栗农自愿参加。农民栗协为会员提供技术培训、技术指导和市场信息服务。一些地区的实践证明,板栗产业与技术协会对栗产业的协调发展,新技术的引进和推广,以及进行再创新,都有很大的促进作用。

四、强化管理责任制

著名经济学家吴敬琏先生在《制度重于技术》一书中说:"制度(政策)安排合理,激励机制兼容,参与经济活动的人们,基于自利动机做出的决策,才会有利于资源的利用和社会经济的稳定发展。"就发展板栗而言,只有强化管理层的责任制,制定能激励板栗产、供、销、加工各方面积极性的制度,才能促进板栗产业进一步做大做强。这就需要管理层在调查研究的基础上,废止一切阻碍板栗产业发展的、过时的规定和"土政策"。从各个环节强化组织、协调、监督力度,并在制度上有所创新。比如在生产环节方面,加强对板栗安全食品生产标准与技术规范的建设,完善对生产过程的检查、检测,促进板栗质量的提高,促进知名品牌创建,防止自毁声誉。在市场建设环节,要建设区域性的板栗交易中心;工商、物价、技术监督和公安等职能部门密切配合,加强市场管理,规范交易行为,维持市场秩序,打击违法活动。要培训板栗经纪人,规范中介运作;引导居民由单一的"糖炒栗子"消费向品种多样化消费转变;鼓励食品加工企业生产包装美观、运输方便、保质期长的新产品,使板栗由区域性、季节性消费品变成为全国性、常年性、高质量的大众消费品。从而把板栗生产的发展和效益的提高建立在最健康、最稳固的基础之上。在科研方面,应加大对育种、栽培、植保、采收、贮藏和深加工技术研究的投资与组织、协调力度,促进农、科、教,产、学、研密切配合,进行原始创新和产业升级。以便在世界经济一体化的进程中,巩固并不断提升我国板栗在全球的优势地位。

第二章 选用良种是提高效益的前提

第一节 板栗产区划分及其主要良种

一、认识误区与存在问题

选用优良品种,是实现板栗高产、高效的前提。这是板栗种植效益中起决定作用的重要环节。然而,在实践中对良种的认识和应用,却存在着诸多的偏差:①认为本地无良种,凡由外地引进的都是好品种。②只从品种的某一种特性来判定其优劣,如有的认为栗实单粒重越大越好;也有的认为,栗实无茸毛而油亮的,就是良种,等等。③不经品种对比试验筛选,就盲目跨越大产区,大批量引种建园。④建园一旦完成,就一劳永逸,不再进行品种更新。这些认识上的偏差,阻碍了板栗良种的推广和发展,也妨碍了板栗栽培效益的提高。

选用良种,除必须考虑其丰产性、优质性、适应性与抗逆性等基本条件外,还要考虑其最终产值——效益性,即注意其商品性、贮藏性、加工性、出口性、名牌性、竞争性、市场认可性及国际接轨性等。对板栗生产者而言,明了所在产区的品种资源,最大限度地掌握良种信息,采用科学的态度和方法,筛选出本园地的适用品种,是每个生产者必须首先注意解决的问题。

二、我国板栗产区划分及优良品种

依据我国板栗区域分布、栽培状况、产量水平和中国气候区域划分,在《中华人民共和国国家标准(GB—9982—88)·板栗丰产林》中,将我国板栗划分为三个大产区。20 世纪 70 年代,江苏省植物研究所张宇和先生等,将我国板栗品种试分为长江流域、华北、东北、西北、东南和西南六个地区品种群。

(一)淮河、秦岭以南,长江中下游栗产区

1. 生态条件、产区范围及品种群特点 中、北亚热带气候,年平均气温为 15℃～18℃,≥10℃的年积温为 4 250℃～4 500℃,年降水量为 800～1 000 毫米,年日照时间为 1 900～2 200 小时。板栗主要生长在山地黄壤、黄棕土、红壤上。该产区的范围:长江中下游、淮河、秦岭以南,南岭、武夷山、云贵高原以北。包括苏南、浙江、皖南、赣北、豫南、陕南、湖北和湖南。板栗主要分布在低山丘陵。其栽培特点是采用嫁接繁殖。栗实个大,淀粉质地偏粳性,以菜用为主。也有部分板栗为炒食用或兼用品种。

2. 该产区主要良种

(1)青毛软刺 于 1963 年由中国林业科学研究院林科所遗传选种研究室在江苏宜兴进行品种调查时选出。

青毛软刺幼树生长强旺,树冠直立,进入结果期后,树冠逐渐开张,成圆头形。叶片肥大,长椭圆形。结果枝雌雄花序的比例为 1:3.8。成龄树结果枝占 73%,雄花枝占 18%,发育枝占 9%。每一结果母枝平均抽生结果枝 2.7 条,每一条结果枝平均自然成总苞(亦称栗棚、栗蓬、栗蒲、栗苞)3.8 个,栽培中必须适当疏苞。总苞呈椭圆形,苞刺长、软而密,平均每个总苞有栗实 2.6 粒,出实率为 38.3%,平均单粒重 10.1

克。果实棕色,有光泽。10月上旬成熟,较耐贮藏。

该品种易成雌花,始果期早,嫁接(砧龄7年)第二年结果株率为73.6%,平均株产量为0.21千克,最高单株产量达0.35千克。第三年全部结果,平均株产量为1.55千克,最高单株产量为1.89千克。结果母枝连续结果能力强,占76.8%,1年生枝在基部进行短截后,由基部芽萌发抽生的新枝,结果枝率高达75%。适宜密植。1980年,山东省费县周家庄村密植栗园中,197株(占地869平方米)嫁接后5年的树,总产量为745.45千克,平均667平方米产量为571.9千克。其主要缺点是果实色泽稍差。

(2)浙早1号 由浙江省板栗良种选育协作组选出,1999年12月,通过浙江省科学技术委员会组织的专家鉴定并命名。

据李金昌等报道:该品种树姿开张,树冠半圆头形。每一条结果母枝平均抽生结果枝1.7个,每一条结果枝平均着总苞1.48个,结果枝占总枝的比例为51%。雌雄花序的比例为1:7.8。总苞椭圆形,苞刺中长而密,平均每总苞有栗实2.5个,出实率为35.1%。栗实赤褐色有光泽,平均单粒重16.4克。成熟期为9月上旬。嫁接苗在山坡地定植后,3年结果,6年平均年株产量为3.3千克,最高单株产量达6.2千克。

(3)浙早2号 选育单位和经过同浙早1号。

据夏逍红等报道:该品种树姿半开张。每一条结果母枝平均抽生结果枝1.8条,每条结果枝平均着总苞1.43个,结果枝占总枝的比例为56%。雌雄花序比例为1:7.2。总苞椭圆形,苞刺长,中密,平均每总苞有栗实2.4个,出实率为34.3%。栗实棕褐色,有光泽,平均单粒重13.3克,成熟期为

9月上旬。较耐贮藏。早实,丰产。在山坡地,嫁接苗定植后3年始果,第五年平均株产量为 3.6 千克,最高单株产量达6.1 千克。

(4)节节红 据何定华等报道:该品种原产于安徽省东至县官港镇。由安徽省东至县林业局于 1993 年在资源普查中选出,2002 年 7 月通过安徽省林木品种审定委员会审定,并命名。

该品种树姿直立,树势强,树冠紧凑,树冠圆头形。1 年生枝灰褐色,枝角较小。叶片厚,色浓绿,光亮,长椭圆形。花芽肥大,扁圆形。雄花序平均长 18.5 厘米,雌雄花序比 1:5。每一条结果枝平均着生雌花序 2.5 个。

总苞椭圆形,单苞平均重 162.3 克。苞刺长、密而硬。每个总苞平均有栗实 3 个,出实率为 43.5%。平均单粒重 25克,表面有油亮光泽。果肉淡黄色,质地粳性,味香甜。成熟期为 8 月下旬至 9 月上旬。

该品种萌芽率高,成枝力强,易成雌花,早实丰产。嫁接苗定植当年即能开花结果;第二年结果株率为 100%,平均株产量为 0.2 千克;第三年平均株产量为 1.7 千克。适应性与抗逆性均较强。有自花结实能力,花期如遇阴雨,坐果率仍较高。

(5)九家种 原产于江苏吴县洞庭西山。因该品种在当地有"十家中有九家种"之说,故此而得名。

该品种树冠紧凑,直立。枝条粗短,节间短,为短枝型品种。叶片中大,质地厚,叶面灰绿色,内侧略向上反卷。雄花序短。总苞扁椭圆形,苞刺束稀,总苞皮薄,出实率为 50% 左右。

该品种易成雌花,丰产,嫁接第二年结果株率 65%,第三年全部结果。结果枝连续结果能力强。在山东省费县周家庄试验园内,5年生幼树平均株产量为1.7千克,7年生树平均667平方米产量为485千克。1997年,在山东日照陈家沟栗园,作授粉树配置时折合667平方米产量为667千克。每一条结果母枝平均抽生结果枝2.6条,每条结果枝平均着总苞2.3个,每个总苞平均有栗实3.4个。平均单粒重在原产地为12.3克,在山东费县为9.4克。果皮褐色,毛茸少,光泽中等。成熟期为9月中旬。肉质细腻甜糯,有香味。果肉含糖11.6%,淀粉48.5%,蛋白质7.6%。炒食与做菜兼用。该品种的缺点是,易遭桃蛀螟和栗实象鼻虫危害,并有青苞开裂现象。

(6)处暑红 原产于江苏省宜兴和溧阳两县。1963年,由中国林业科学研究院林科所遗传选种研究室调查发现。因其成熟期早,在"处暑"季节时即开始着色,因此而得名。

该品种枝条细而长,树形开张,树冠成半圆头形。叶片较大,长椭圆形。雄花序长,平均为15厘米。总苞椭圆形,刺束密,长而硬,出实率为35%。果实赤褐色,光亮美观。单粒重在原产地平均为17.9克,在山东费县和泰安平均为14.5克。果肉含淀粉60.8%,糖8.8%。质地在原产地粳性,在山东费县为半糯性。成熟期为9月上中旬。

该品种适应性强。在北方产区和南方产区引种后,均表现丰产、稳产。在山东省费县品种对比试验园内,25株(占地150平方米)5年生树总产量102.5千克,折合667平方米产量为455.8千克。由于本品种花粉量大,雄花花期较早,是良好的授粉品种。其缺点是抗药性较差。

(7)其他良种 长江中下游产区还有其他板栗良种,其中一部分品种的性状如表2-1所示。

表 2-1　长江中下游产区部分板栗良种简表

名 称	原发地	总 苞	出实率(%)	栗 实(克/粒)	熟 期(旬/月)	评 价
红毛早	湖北京山	重100克,椭圆形,刺密中长		重 16.7克,红褐色油栗	上/9	早熟、丰产、母枝长、不紧凑
焦扎	江苏宜兴、太华	长椭圆形,刺长中密	47	重 23.7克,紫褐色,富光泽	下/9	果肉细腻、味甜、耐贮藏、适应性强,产量中等
大底青	江苏宜兴、溧阳	长椭圆形,刺长而硬,中密	35	重 25 克,深褐色,有光泽,果座极大	下/9	较丰产,品质优,肉质甜糯
早庄	江苏南京	椭圆形,刺长、稀、硬		重 13.2克,赤褐色,光泽较暗	中/9	较丰产,果肉细腻,味甜,但耐贮性较差
大红袍	安徽舒城	重 76 克,近圆形,刺中长密	41	重 12 克,赤褐色,富光泽	下/9	较丰产,肉质甜而糯
青扎	江苏宜兴、溧阳	短椭圆形,刺密而软	43	重 14.2克,褐色,有光泽	中/9	较丰产,品质优,较耐贮藏
毛板红	浙江诸暨	椭圆形,刺长、密、软	33	重 15.2克,暗红色	上/10	丰产,树冠紧凑,耐贮藏
上光栗	浙江缙云	重 135 克,椭圆形,刺密	32.5	重 18.5克,红褐色,有光泽	上/10	较丰产,树冠紧凑,连续结果能力强,较耐贮藏

名　称	原发地	总　苞	出实率(%)	栗　实(克/粒)	熟期(旬/月)	评　价
魁　栗	浙江上虞	重107克,刺长、密、硬、椭圆形	33.6	重18克,红褐色,有光泽	中/9	树冠较紧凑,分枝力强,较丰产,南方菜栗代表性品种之一
粘底板	安徽舒城	重84克,椭圆形,刺长、密、硬	40	重15克,红褐色,富光泽	下/9	丰产、稳产,树冠较紧凑,较抗病虫
浅刺大板栗	湖北宜昌	重162克,椭圆形,皮薄,刺短而稀	45	重16.4克	下/8	适应性强,早实丰产

　　该产区的地方良种还有:江苏省(淮河以南地区)的重阳蒲(宜兴)、毛蒲(宜兴)、厚刺(宜兴)、大藤青(宜兴)、猪嘴蒲(宜兴)、倒挂蒲(宜兴)、铁粒(宜兴)、短扎(宜兴)、超茶(宜兴)、查湾种(吴县)、茧头(吴县)、白毛栗(吴县)、稀刺(吴县)、薄壳(南京)和高条(南京)。浙江省的油毛栗、宽栗、桐选43、桐选33(桐庐)、马齿青(长兴)、短刺大板栗(诸暨)、长刺板红(诸暨)、岭口栗(缙云)、毛板栗(诸暨)和曹荀栗(兰溪)。安徽省的乌早(宣州)、二新早(宣州)、大红袍(广德)、蜜蜂球(舒城)、叶里藏(舒城)、迟栗(广德)、重阳(广德)、紫皮栗(广德)、新杭迟(广德)和油里光(广德)。湖北省的中迟栗(罗田)、九月寒(罗田)、沙地油栗(睢阳)、早栗(宜昌)、早油栗(罗田)、羊毛栗(罗田)、迟栗(宜昌)、桂花栗(罗田)和叶里藏(罗田)。湖南省的它栗(邵阳)、接板栗(黔阳、怀化)、大油栗、油板栗和水

尾大板栗(黔阳)。河南省(豫南地区)的桐柏红油栗1、2号(桐柏)、罗山689(罗山)、光山2号(光山)、新县10号(新县)、林魏3号、紫油栗(确山)、豫罗红(罗山)和豫板3号。

(二)北方栗产区

1. 生态条件、产区范围及品种群特点 南温带气候,年平均气温为8℃～15℃,≥10℃的年积温为3 100℃～3 400℃,年降水量为500～800毫米,年日照时间为2 000～2 800小时。该产区板栗主要分布于淋溶褐土和棕壤上。该产区的范围:淮河、秦岭以北、燕山山脉以南,黄河中下游,辽东半岛。包括北京、天津、河北、山西、辽宁、吉林、苏北、皖北、山东、豫北、陕北和甘肃。该产区的板栗栽培特点,是历史上多采用实生繁殖,管理粗放。自20世纪70年代以来,推广良种嫁接和园艺化栽培技术。其中山东省新建板栗园已基本上实现了良种化和密植栽培。该产区中,华北品种群所产板栗含水量较低,淀粉质地糯性,大多数为优质炒食品种。东北品种群,是一个以日本栗与板栗两个种混交以日本栗为主的品种群。日本栗果实单粒重较大,淀粉质地粳性,适宜菜用和加工。

2. 主要优良品种

(1)石丰栗 于1971年从山东省海阳县中石现村选出。1977年由烟台市定名。

石丰幼树生长强旺,枝条直立,树冠紧凑。进入大量结果期后,树冠较开张,成圆头形。叶片绿色,中大,长椭圆形。结果枝雌雄花序比例为1:3.3,成龄树发育枝占3.3%,结果枝占72%,雄花枝占24.7%。每条母枝平均抽生结果枝2.3条,每条结果枝平均自然成总苞2.4个。总苞刺短而粗,疏密中等,苞内平均有栗实2.6粒,出实率为39.4%。9月中旬成熟。果实中大,平均单粒重 8.83 克,棕褐色,有光泽,大小均匀,品质优良。耐贮藏。

石丰成雌花容易,结果早。嫁接第二年(砧龄 2 年)的结果株率为 83.3%,平均株产量为 0.6 千克,最高单株产量为 1.51 千克。第三年全部结果,平均株产量为 2.1 千克,最高单株产量为 3.05 千克。结果母枝连续结果能力强,占 86.6%。产量稳定。较耐瘠薄。对 1 年生枝进行短截后,由基部芽萌发抽生的新枝,结果枝率高达 71%。适宜密植。在山东省费县,以石丰为主栽品种(占 70%)的密植栗园,667 平方米产量有多次突破 500 千克的记录,最高达 656 千克。

(2)海丰栗 由山东省海阳县从莱西县引进混入红光接穗中的枝条嫁接后发现。母树尚未查明。1977 年由烟台市定名。

海丰幼树生长较旺,树姿直立,树冠紧凑。进入大量结果期后,树冠开张,成圆头形。叶片浓绿,近椭圆形,比石丰叶大。结果枝雌雄花序比例为 1∶1.42,成龄树发育枝占 8%,结果枝占 61%,雄花枝占 31%。每条母枝平均抽生结果枝 1.9 条,每条结果枝平均自然成总苞 1.8 个。总苞中大,苞刺短而粗,疏密中等,苞内平均着栗实 2.4 粒,出实率为 41.7%。栗实大小均匀,平均单粒重 9.31 克,色泽美观。9 月下旬成熟。耐贮藏。

海丰成雌花容易,结果早。嫁接后第二年(砧龄 2 年)结果株率为 72%,平均株产量为 0.67 千克,最高株产量为 0.9 千克。第三年全部结果,平均株产量为 1.9 千克,最高株产量为 2.7 千克。结果母枝连续结果能力强,占 83%。产量较稳定,较耐瘠薄。对 1 年生枝在基部短截后,由基部芽萌发抽生的新枝中,结果枝率占 62.8%。适宜密植。在山东省费县,海丰(占 25%)与石丰混栽的板栗园,667 平方米产量有多次突破 500 千克的记录,其中海丰每平方米树冠投影面积平均产量为 0.87 千克,折合 667 平方米产量为 580 千克。

(3)金丰栗 于 1971 年从山东省招远县徐家村选出。原名为徐家 1 号。1981 年山东省决选并定名。

金丰幼树生长较旺,树姿直立。结果后,随着产量的增加,长势渐趋中庸,树冠略趋开张,成圆头形。主干及主枝基部灰褐色,布满纵裂。多年生枝绿褐色,1 年生枝浅绿色。叶片较小,长椭圆形,叶背密生短茸毛。结果枝雌雄花序比例为 1:1.5。成龄树发育枝占 11%,结果枝占 54.8%,雄花枝占 34.2%。每条结果母枝平均抽生结果枝 1.9 条,每条结果枝平均自然成总苞 2.36 个。总苞椭圆形,苞刺稀短,分布稀疏。总苞内平均有栗实 2.5 粒,平均单粒重 7.59 克,出实率为 39.1%。栗实深褐色,有光泽,品质优良。9 月中旬成熟。耐贮藏。

金丰栗成雌花容易,始果期早。嫁接(砧龄 2 年)第二年结果株率为 80.8%,平均株产量为 0.39 千克,最高单株产量为 1.25 千克。第三年全部结果,平均株产量为 2.12 千克,最高单株产量为 2.76 千克。结果母枝连续结果能力强,占 70.3%。较耐瘠薄。1 年生枝在基部进行短截后,由基部芽萌发抽生的新枝,结果枝率高达 65%。在营养好的条件下,发育枝、雄花枝剪截后抽生的二次枝可以结果。适宜密植。其缺点是,单粒重偏小,栗实均匀度稍差。在栽培中需要适当疏总苞。如疏至强果枝留 2~3 个栗苞,中庸结果枝留 1~2 个栗苞,弱结果枝留一个栗苞,单粒重可增至 8.5 克左右,栗实也较均匀。金丰在山东省费县和招远地区,667 平方米产量有多次突破 500 千克的记录。

(4)红光栗 于 1971 年从山东省莱西县东庄头村选出，由莱西县定名。1981 年经山东省决选。

红光栗幼树生长强旺，树姿直立。如不摘心，年生长量达 1 米以上。结果后，长势渐趋缓和，树冠长圆头形。盛果期树冠开张，树冠为圆头形。叶片肥大，长椭圆形，叶色浓绿，蜡质层厚，叶背密生白色茸毛。叶片两缘向正面隆起，先端沿主脉向叶背弯曲，是该品种的主要特征之一。结果枝雌雄花序的比例 1：7.7，成龄树萌芽力低，成枝率高。结果枝占 58.4%，雄花枝占 27.2%，发育枝占 14.4%。每条结果母枝平均抽生结果枝 1.7 条，每条结果枝平均自然成总苞 1.43 个。总苞椭圆形，中腰稍凹陷，苞刺稀疏粗短。每个总苞平均有栗实 2.8 个，出实率为 46.7%。栗实褐色，有光泽。平均单粒重 10.73 克，品质中上等。9 月下旬成熟，耐贮藏。

红光栗始果期较晚，嫁接（砧龄 2 年）第二年结果株率为 58.2%，平均株产量为 0.25 千克，最高单株产量为 0.55 千克。第三年结果株率为 82.5%，平均株产量为 1.10 千克，最高单株产量为 1.8 千克。第四年全部结果。结果母枝连续结果能力一般，为 43.7%。红光栗耐瘠薄，适应性强。进入盛果期后产量稳定。在沿海倒春寒地区的干旱山地栗园，有枝条抽干现象。以红光为主栽品种的栗园，山东省蓬莱县小柱村 1977 年平均每 667 平方米产栗 442 千克；山东省费县周家庄村 1983 年每 667 平方米平均产栗 412 千克。

(5)红栗 于 1964 年从山东省泰安市大地村选出，由山东省果树研究所定名，1981 年由山东省决选。其母树是树龄百年的枝变实生种。

该品种 1、2 年生枝条红褐色，嫩梢、叶柄紫红色，苞刺、雌花柱头均为红色，是其主要特征。

红栗幼树生长强旺,树姿直立,结果后树冠渐成圆头形。叶片中大,长椭圆形。结果枝雌雄花序比例为1:6.5。成龄树结果枝占42.2%,雄花枝占27.2%,发育枝占14.4%。每条结果母枝平均抽生结果枝1.75条,每条结果枝平均自然成总苞2.17个。总苞椭圆形,苞皮中厚,针刺稍长,每个总苞平均有栗实2.6个。果皮明亮,浅红色。出实率为42.3%,平均单粒重8.21克,品质上等。果实于9月下旬成熟,耐贮藏。

红栗始果期稍晚。嫁接(砧龄2年)第二年结果株率为66.7%,平均株产量为0.3千克,最高单株产量为0.45千克。第三年结果株率为90.7%,平均株产量为1.45千克,最高单株产量为1.92千克。第四年全部结果。结果母枝连续结果能力较差,为23.9%,在栽培条件好的栗园可表现丰产。山东省费县周家庄村5年生密植栗园中29棵红栗,平均株产量为2.6千克,按占地面积(96平方米)折合成667平方米产量为505.5千克。

红栗的主要缺点是,不耐瘠薄,在栽培条件较差的情况下,空苞、独栗多,产量不稳定,年际间变幅较大。这也是各地对该品种反映不一的重要原因。

(6)上丰栗　于1971年从山东省莱阳县上步家村选出。1977年由烟台市定名。

上丰栗幼树生长较旺,树姿直立,树冠紧凑。结果后树势缓和,树冠开张,成长圆头形。叶片中大,长椭圆形。结果枝雌雄花序的比例为1:5。成龄树结果枝占45.1%,雄花枝占42.3%,发育枝占12.6%。每条结果母枝平均抽生结果枝1.85条,每条结果枝平均自然成总苞1.93个。总苞椭圆形,苞刺稀疏、直立,每苞平均有栗实2.4粒,出实率为38.7%,平均单粒重8.4克。果实深褐色,有光泽,品质中上等,耐贮藏。

上丰栗成雌花容易,始果期早。嫁接(砧龄 2 年)第二年结果株率为 75%,平均株产量为 0.6 千克,最高单株产量为 0.7 千克。第三年全部结果,平均株产量为 1.25 千克,最高单株产量为 1.76 千克。结果母枝连续结果能力较强,为 82.9%。对当年生枝进行短截后,从基部芽抽生的新枝 58% 可以结果。适应性及耐瘠薄能力均较强。适宜密植。该品种在山东费县彭家岚子村密植栗园作授粉树配置,按占地面积折算,5 年生树 667 平方米产量为 417 千克。

山东省林业厅对以上六个品种专门进行了栗实营养成分测定及商品性状分析,并组织专家进行了鉴评。鉴评结果如表 2-2 所示。

表 2-2　板栗六个良种营养成分测定及商品性状鉴评表 *

项 品 目 种	营养成分					坚果鉴评 总分
	水 分 (%)	脂 肪 (干、%)	蛋白质 (干、%)	淀 粉 (干、%)	还原糖 (干、%)	
石 丰	52.43	4.3	8.88	61.24	2.89	102.06
金 丰	43.77	5.24	9.72	64.12	1.68	99.22
海 丰	42.04	4.66	8.71	57.66	1.77	102.07
红 光	47.44	3.06	9.64	66.50	2.58	97.73
红 栗	47.55	3.80	7.58	67.51	2.85	98.31
上 丰	53.13	3.81	8.18	64.61	1.96	92.89

(＊据李一鹗《山东板栗良种考察报告》资料;1984 年)

(7) 郯城 207　于 1964 年从山东省郯城县茅茨村选出并定名。1981 年由山东省决选。

郯城 207 幼树生长强旺,枝条直立粗壮,芽体比一般品种都大,树冠紧凑。进入盛果期后,树冠渐成圆头形。叶片中大而厚,叶色浓绿,长椭圆形。结果枝雌雄花序的比例为 1：4.8。总苞椭圆形,略带长方形。总苞大,针刺密长。顶部着有四片黄色唇瓣,苞柄以上一段雄花序干枯宿留直至成熟,是该品种的明显特征。每条结果母枝平均抽生结果枝两条,每条结果枝平均自然成总苞 1.4 个,每苞平均有栗实 2.6 个,出实率为 34.4%。栗实红褐色,明亮美观,平均单粒重 11 克,品质上等。9 月中下旬成熟,耐贮藏。

郯城 207 成雌花能力一般,嫁接(砧龄 2 年)第二年结果株率为 62%,平均株产量为 0.35 千克,最高单株产量为 0.49 千克。第三年结果株率为 94.2%,平均株产量为 1.55 千克,最高单株产量为 1.78 千克。第四年全部结果。进入盛期后,产量较为稳定。结果母枝连续结果能力为 45.7%。在栽培条件好的费县周家庄村的 6 年生密植栗园,该品种作授粉树配置,按占地面积折算,其 667 平方米产量为 427 千克。

(8)尖顶油栗 原产于山东省郯城东庄。是江苏省植物研究所 1963 年从当地实生树中所选出的优良单株。1981 年通过省级品种鉴定,是江苏省重点发展的品种之一。

尖顶油栗树冠开张,树势中庸,枝条细软下垂,叶片披针状圆形至椭圆形。雄花序细长,总苞高椭圆形,皮薄,刺束稀而开展。栗实似三角形,果顶显著突出。平均单粒重 10.8 克,果皮紫红色,有光泽。9 月下旬成熟。出实率为 48.6%。果实抗虫害能力较强,极少受桃蛀螟和栗实象鼻虫危害。耐贮藏。

尖顶油栗成雌花容易。嫁接(砧龄 1 年)后第二年结果株率为 95.2%,平均株产量为 0.55 千克,最高单株产量为 1.15 千克。第三年全部结果,平均株产量为 1.86 千克,最高单株产量为 2.88 千克。江苏省新沂市炮车果园的 20 株 6 年生树,1981 年折合 667 平方米产量为 528.3 千克。

(9)蒙山魁栗 于 1987 年由山东省费县马头崖乡大良村果农范有银报优,经费县科委由张铁如主持、马头崖乡林业站任庆德参加初选、复选命名。1996 年通过省科委组织的鉴定并命名。

幼树生长旺盛,树姿直立。进入结果期后,树冠逐渐开张,盛果期成圆头形。结果枝雌雄花序的比例为 1∶4.8。叶片中大,长椭圆形。每条结果母枝平均抽生结果枝 1.9 条,每条结果枝平均自然成总苞 2.3 个。总苞大,苞皮薄,针刺稀而短。每个总苞平均有栗实 2.5 粒,出实率为 47.5%。栗实平均单粒重 14.4 克,大小均匀,品质优良,深褐色。9 月下旬成熟,耐贮藏。

蒙山魁栗早果性中等。嫁接(砧龄 2 年)后第二年结果株率为 59.7%,平均株产量为 0.45 千克。第三年结果株率为 87.9%,平均株产量为 1.6 千克。第四年全部结果。成龄树结果枝占总枝量的 68%,结果母枝连续结果能力强,占 70.6%。较耐瘠薄。在费县头崖乡 1996 年以蒙山魁栗为主栽品种的 6 年生密植园,平均 667 平方米产量为 412 千克。经对比试验,该品种是北方炒食栗大型果中栗实最大、早实与丰产性较好的品种。

(10)沂蒙短枝栗　该品种的母树是一自然杂交种。于 1981 年从莒南县西相沟村选出。1994 年通过日照市科委组织的专家鉴定定名。

幼树生长健壮,不徒长,树体矮小,树冠紧凑。1 年生枝粗壮,结果母枝粗短。雌花序较多,每条果枝平均有雌花序 7.5 个。雌雄花序的比例为 1∶4 左右。叶片大而厚,有光泽,长椭圆形,上部叶叶缘上卷,呈船形。每条结果母枝平均抽生结果枝 1.9 条,每条结果枝平均自然成总苞 4.5 个。栽培中必须疏总苞,平均每条结果枝所留总苞不超过 1.6 个,才能保持栗实有较好的商品性状。总苞中大,每个总苞平均有栗实

2.3粒,出实率为40.8%,平均单粒重8.4克。栗实棕色,有光泽。果粒大小均匀,品质上等。9月下旬成熟,耐贮藏。

该品种易成雌花,始果期早,坐果率高。嫁接(砧龄2年)后的667平方米平均产量,第二年为35千克,第三年为190.3千克,第四年为342.5千克。结果母枝连续结果能力强。成龄树结果母枝留2～3芽重短截后,从基部芽抽生的新枝75%可以结果。每条短截枝平均抽生果枝1.5条。据初步观察,该品种对叶螨有一定的抗性。极适合于密植栽培,6年生树冠径为1.76米,树高只有1.46米。建于山东省日照市三庄镇陈家沟村的0.262公顷(3.93亩)密植园,1997年平均667平方米产量为706千克。

该品种与本砧以外的其他实生砧苗嫁接,后期有不亲和现象,进入盛果期后,部分单株出现死亡。在选用该品种时,必须用本品种的种子苗做砧木嫁接。同时,要求严格的授粉组合、土肥水管理、修剪调节和合理疏苞等标准化、规范化的技术措施,才能充分发挥出该品种的优良性状。

(11)丽抗 又称黄埝1号。由山东省莒南县林业局栾风福等选出,2002年经省级评审定名。母树在莒南县洙边镇东黄埝村。

总苞中大,栗实近圆形,饱满整齐,平均单粒重11.2克。栗实深褐色,果面光滑无纵棱突起,美观靓丽,商品性状优良。果肉琥珀色,细糯香甜,适于炒食。鲜果含蛋白质4.46%,脂肪1.3%,淀粉33.07%,总糖5.8%。果实于9月下旬成熟。

该品种树姿较直立,1年生枝灰褐色,皮孔较大而稀,混合芽较大有尖。叶片长椭圆形,浓绿色,有光泽,平均长14.3厘米,宽6.3厘米,叶片质地厚。雄花序较少,平均每枝有雄花序3～4个。雌花序着生均匀,一般每条果枝有雌花序2～

3个。结果母枝平均长 26.5 厘米,粗 0.5 厘米,果前梢平均长 4～7 厘米,有饱满芽 3～5 个。平均每条母枝抽生果枝2～3 条,每条果枝结总苞 2 个。每苞有栗实 2～3 粒,出实率为 43%。嫁接后第二年开始结果,第五年平均 667 平方米产量为 273.8 千克,第八年平均 667 平方米产量为 433.6 千克。该品种早实性、丰产性均表现稳定。抗旱,耐瘠薄,抗抽干,耐贮藏。较抗红蜘蛛。

(12) **糯香** 由山东省莒南县果品公司于 1972 年发现,1974 年嫁接观察,1992～1994 年在莒南县林业局进行复选,1998 年通过该省科委组织的鉴定并命名。

该品种成龄树树冠扁圆。树姿开张,枝条平伸至下垂。叶片长椭圆状披针形,叶脉间叶肉稍凸起,叶面不平整。结果枝平均长 24.9 厘米。总苞近圆形,刺束中密。幼树生长较旺,枝条直立,结果后树姿开张。早实性强。嫁接后(砧龄 2 年)第二年结果株率为 87%,第三年结果株率为 100%。结果枝为总枝量的 52.1%。每条结果母枝平均抽生果枝 2.3 条,每条果枝平均结总苞两个。每个总苞平均有栗实 2.7 粒;出实率为 40.2%,平均单粒重 10 克。内膛及下层有一定的结实力。平均每平方米投影面积结实 0.74 千克。果实近圆形,大小整齐,果皮紫红色,油亮。果肉浅黄色,含脂肪 7%,蛋白质 9.17%,淀粉 51.21%。耐贮藏。9 月下旬至 10 月上旬成熟。短截后结果较好。

(13) **燕山红栗** 原名燕红、北庄 1 号。母树生长于北京市昌平区北庄村,1974 年初选。

该品种树冠紧凑。结果母枝灰白色,皮目多而明显。枝条萌发力强。结果枝占总枝量的 65% 左右。每条结果母枝平均抽生结果枝 2.5 条,每条结果枝平均着生总苞 2 个。总苞椭圆形,重 48 克,苞刺稀而短,出实率为 46.5%。栗实深褐色,富光泽,平均单果重 9.5 克。果肉甜糯,含糖 20.3%,蛋白质 7.1%。成熟期在 9 月下旬。

燕山红栗早实丰产,嫁接后第二年结果,3～4 年即进入大量结果期。它的综合商品性状优良,抗旱,抗寒,耐瘠薄,是适应性强的优良品种。

(14)辽栗 10 号 由辽宁省经济林研究所以丹东栗为母本,板栗为父本,杂交育成。1996 年决选。2002 年 9 月由辽宁省林木良种审定委员会与辽宁省科技厅联合组织审定并命名。

曲晖等报道:该品种树姿开张。栗实三角状卵圆形。平均每个总苞有栗实 2.4 粒。单果重 18.9 克,褐色,涩皮较易剥离。果肉黄色,较甜,有香味。早实,丰产。嫁接第二年结果株率在 90% 以上,第四年平均株产量为 5.3 千克。出实率为 65.7%。果实于 9 月下旬成熟。抗栗瘿蜂与抗寒能力均较强。

(15)辽栗 15 号 该品种的选育单位、过程及报道人,同辽栗 10 号。

该品种树姿直立,树冠圆头形。栗实椭圆形,红褐色,有光泽。平均每个总苞有栗实 2.5 个,单果重 15.2 克。早实,较丰产。嫁接的 2 年生树结果株率为 85%,4～6 年生树平均株产 3.7 千克。出实率为 47.4%。9 月中旬成熟。抗栗瘿蜂能力与抗寒性均强。

(16)辽栗 23 号 以丹东栗为母本,以日本栗为父本,杂交育成。选育单位、过程及报道人,同辽栗 10 号。

该品种树姿较直立,树冠圆头形。栗实椭圆形,浅褐色,果面有少量茸毛。平均每个总苞有栗实 2 粒,单果重 14.7 克。早实,较丰产。嫁接第二年结果株率达 90% 以上。嫁接的4～6年生树平均株产量为4千克。9月中旬成熟。抗栗瘿蜂与抗寒性均较强。

(17)其他部分板栗良种 北方产区还有其他板栗良种，其中一部分品种的情况如表2-3所示。

表2-3 北方产区部分板栗良种简表

名 称	原发地	总 苞	出实率(%)	栗 实(克/粒)	熟 期(旬/月)	评 价
辛庄2号	北京昌平	重70克，椭圆形	42	重10.8克，紫黑色、油栗	下/9	大果型炒食品种、丰产
炮车2号	江苏新沂	重74克，短椭圆形，刺中长、稀、软	40	重10.9克，棕褐色，明栗	上/10	易成雌花，含糖高，耐瘠薄，适合山丘地
明 拣	陕西长安	扁椭圆形，刺长	38	重10克，赤褐色，油栗	下/9	丰产、质优，适应性强，适于炒食
镇安大板栗	陕西镇安	椭圆形	40	重11克，褐色，半毛栗	中/9	丰产、质优，适应性强
清 丰	山东海阳	椭圆形，刺密，皮厚	38	重7.8克，灰褐色，半油栗	下/9	树冠紧凑，适应性强，嫁接亲和力差
东 丰	山东莱阳	椭圆形	44	重7.9克，红褐色，明栗	上/10	结果早，树冠紧凑，耐瘠薄
玉 丰	山东莱阳	椭圆形，刺短而硬	37	重9.1克，棕褐色，有光泽	下/9	丰产、稳产，适应性强，树冠开张
燕 昌	北京昌平	椭圆形，刺密		重8.6克，红褐色，有光泽	中/9	丰产、稳产，树冠开张

名 称	原发地	总 苞	出实率(%)	栗 实（克/粒）	熟 期（旬/月）	评 价
燕 魁	河北迁西	椭圆形、刺中密	48	重 10 克，棕褐色，有光泽	中/9	早实、丰产,适应性强
早 丰	河北迁西	椭圆形	45	重 8 克，褐色，有光泽	上/9	早实、丰产,适应性强
燕山短枝（后韩 20）	河北迁西	重 50 克，短椭圆形	42	重 8.5 克，褐色，油栗	中/9	短枝型品种,基部芽更新能力强
华 丰	山东果树研究所杂交培育	椭圆形，刺较稀而硬	56	重 7.9 克，红棕色，光亮	中/9	适应性较强、早实、丰产
杂-35	山东果树所杂交育种	重 53 克，椭圆形，刺稀、短、硬	40	重 8.3 克，短圆形，红褐色，半毛栗	中/9	树势开张，果前梢细，丰产优质
宋家早	山东泰安	重 60 克，短椭圆形，刺密而长	38	重9.5克，短圆形，黑褐色，光亮	上/9	早熟、丰产,适应性强
无花栗	山东泰安	重 38 克，椭圆形	51	重 6.3 克，红褐色，油栗	上/10	可作育种材料保存
华 光	山东果树所杂交育种	皮薄，刺稀少	55	重 8.2 克，红棕色，光亮	上、中/9	早实丰产,抗逆性强
艾思油栗	河南省杂交育种		40	重 25 克，红褐色，光亮	上/10	特丰产、抗逆性强

该产区的地方板栗良种还有：河北省的崔2399(迁西)、替码珍珠(兴隆)、燕奎和凤凰山2号(青龙)。山西省的曹家执栗、大油栗、贾路1号(夏县)。辽宁省的辽丹61(丹东)、辽丹58(丹东)、辽丹15(丹东)和沙早1号(桓仁)。山东省的盘龙栗(郯城)、泰山1号(泰安)、莱西大油栗(莱西)、红栗1号(山东果树所杂交育成)、郯城3号(郯城)、威丰(乳山)、早魁栗(泗水)、莲花栗(泗水,短枝型)、莱州短枝(莱州)、阳光栗(日照,短枝型)和烟青(烟台)。陕西省的大板栗、长安栗(长安)、灰拣栗(长安)、匀栗、铁旦(长安)、旬阳大栗(旬阳)、旬阳二栗(旬阳)、红板栗(汉中)和大社栗(宝鸡)。河南省林县的谷堆栗。北京市的怀九栗(怀柔)、怀黄栗(怀柔)、秋分栗(怀柔)和银丰栗(昌平)。江苏省的红林3号(连云港)。

(三)南方栗产区

1. 生态条件、产区范围及品种群特点　中、南亚热带气候,年平均气温为14℃～22℃,≥10℃的年积温为6 000℃～7 500℃,年降水量为1 000～1 300毫米,年日照时间为1 700～1 900小时。板栗多分布于山地红壤和黄壤。产区范围：南岭、武夷山以南,云贵高原。包括福建、赣南、广东、广西、四川、重庆、云南和贵州。主要栽培特点是,以实生繁殖为主,近年来开始进行良种嫁接。栗实大小不一,品质差异较大。

该产区中东南品种群所产板栗,淀粉质地一般为粳性,果肉含水率高,贮藏性较差,以菜用为主;西南品种群(包括四川、重庆、云南、贵州及广西西北部)在区域内部的地理条件、气候和地形甚为复杂,差异较大。因此,品种群内部特点也有较大差别。一般而言,肉质比较细腻,糯性,以云南西部所产的板栗为佳。

2. 主要优良品种

(1) 云良 陆斌等报道：母树原产地为云南省昆明市宜良县。由云南省林业科学研究院于 1989 年选出，1999 年 4 月通过省级鉴定并命名，并进行了新品种注册登记。

该品种树冠圆头形。叶片宽披针形，叶色浓绿。总苞椭圆形，平均重 82.2 克，刺束密度中等，刺长，成熟时成"十"字开裂。栗实椭圆形，平均单果重 11.3 克。果皮紫褐色，茸毛较多。果肉香糯，含总糖 21.9%，粗蛋白质 7.2%。出实率为 41%～58.9%。成熟期为 8 月下旬。

该品种树势中等偏强。早实丰产。嫁接（砧龄 2 年）后第二年开始结果。第五年平均株产量为 2.53 千克。每条结果母枝平均抽生结果枝 4 条，每条结果枝平均着生总苞 3.6 个。结果枝连续结果能力强。适应范围广，抗逆性强。适宜在云南省海拔 1 200～2 100 米的山区、半山区栽培。

(2) 云珍 邵则夏等报道：母树产地在玉溪市峨山县。其选育单位和经过同云良。

该品种树冠呈偏圆头形，树姿开张。叶片大，为倒卵圆形，叶色浓绿，有光泽。总苞椭圆形，平均重 48 克，苞刺稀而短。栗实椭圆形，平均单果重 11.2 克，紫褐色，光亮。果肉含总糖 19.5%，粗蛋白质 8.4%。出实率为 41%～55.2%。成熟期为 8 月下旬。

该品种早实丰产。嫁接（砧龄 2 年）后第二年平均株产量为 0.52 千克，第四年平均株产量为 3.52 千克。每条结果母枝平均抽生结果枝 4 条，每条结果枝平均着生总苞 3.85 个。结果枝连续结果能力强。抗逆性强，适宜在云南省 1 200～2 100 米山区、半山区栽培。

(3) 其他部分板栗良种 南方产区还有其他良种。其中一部分品种的性状如表 2-4 所示。

表 2-4　南方产区部分板栗良种简表

名　称	原发地	总　苞	出实率（％）	栗　实（克/粒）	熟　期（旬/月）	评　价
中国红皮栗	广西阳朔平洞口	椭圆形，刺长、密	44.8	重 13.3 克，赤褐色，油栗	上/10	丰产、优质、优良育种材料
红皮大油栗	广西阳朔平洞口	椭圆形，刺长、中密	40	重 17.8 克，紫褐色，有光泽	上/10	易成雌花，丰产
早熟油毛栗	广西阳朔古极	短椭圆形，刺长、中密	41	重 11 克，有白色短柔毛，光亮中等	下/9	丰产，果肉有香味，较甜糯，但不耐贮藏
大新油栗	广西平南	短椭圆形刺长、中密	27.8	重 29.8 克，赤褪色，有光泽，鲜艳美观	下/8	早熟，果大，但出实率低，不丰产，优良育种材料
中果黄皮栗	广西南丹云寨	椭圆形，刺长而较密	47.1	重 11.9 克，浅褐色，有光泽	上/10	较丰产，果实美观
平顶大红栗	贵州毕节	椭圆形，刺短而密	34.3	重 10.2 克，红褐色，富光泽	下/9	较丰产，质优，果实美观

该产区的地方板栗良种还有：广东省的农大 1 号(华南

农大培育)。广西壮族自治区的阳朔 37(阳朔)、桂林 72-1(桂林)、大乌皮栗、紫壳栗(南丹)、隆安油栗(隆安)和黑毛皮栗(隆安)。贵州省的油栗、大板栗(玉屏)、尖顶大红栗(毕节)、乌子栗(毕节)、薄壳栗(兴义)和长毛栗(玉屏)。江西省的薄皮大板栗(龙南、全南)、灰黄油栗(靖安)、金坪短垂栗(峡江)和天师栗(龙虎山)。云南省的云富和云早。福建省的早稻栗(永嘉)。

三、园地品种选择和引种

一个产区有几十个良种,往往会给生产经营者带来难以选择的困惑。在栽培实践中,选用良种的数量,就一个区域性产区而言,主栽品种有 5～7 个。就一个栗园而言,主栽品种有 2～3 个就够用了。具体选用品种时,在满足丰产、优质的前提下,为适应市场需要,延长供应时期,还应特别注意早、中、晚熟品种的合理搭配。

关于板栗品种的引种,据现有资料表明,凡在同一大产区内引种栽培者,一般都表现良好。据杨斌报道,甘肃陇南由北京引入燕魁和燕红,由河北省迁西引进的早丰和燕山短枝等,在徽县进行试验,均表现生长良好,栗实大、产量高,且稳产,明显优于当地栗品种。辽宁省辽阳由山东省引入金丰和石丰,也表现优良。跨大产区引种栽培者,也有许多表现良好的实例。如长江中下游产区的处暑红、青毛软刺、粘底板和九家种,在北方产区的山东省费县,667 平方米产量都能达到 400 千克以上。处暑红在辽宁栽培也表现良好。山西省夏县由江苏省宜兴引入的粘底板和铁粒,也表现丰产。浙江省遂昌由山东省费县引入的海丰、石丰、蒙山魁栗、莱西大油栗和郯城 207 栗,均表现早实和丰产,栗实单粒重也大于原产地。但各地跨大产区引种的实践也表明,有些品种在异产区,表现不如本产区。因此,不经规范引种对比试验和认真地观察与筛选,就跨大产区大量引种建园,是有一定风险的。特别值得提醒的是,某些苗木市场品种良莠不齐的状况比较严重,由此而给经营者造成经济损失的实例也屡见不鲜。引种者务必认真鉴别真伪。

第二节　板栗良种的实生选种

一、认识误区和存在问题

在广大的板栗栽培者特别是栗农中,较普遍地认为,选种专业性强,是专门机构和专业技术人员的事情,与己无关;也有在第一线从事板栗技术推广的科技工作者,觉得选种专业性强,高不可攀,自己是心有余而力不足,干不了。其实这都是误解。

我国板栗资源十分丰富,实生变异的多样性,更是形形色色,性状各异。这是优良自然条件造成的结果,也是我们祖先数千年耕耘留下的宝贵财富。在这些种质资源宝库中,有些已被发掘,从中选出300多个地方品种被推广应用;还有许多至今仍然隐藏在浩瀚的板栗实生林中,等待我们去发掘。由于实生选种较人工杂交育种、辐射育种和航天育种,速度快,成本低,效果好,因此是当前选育板栗优良品种的主要途径。广大栗农和第一线的科技工作者,了解栗园中每个单株的产量、特征和特性,是选种的基础。发现良种的第一信息,几乎都来自于栗农或第一线科技人员,只有两者共同参与和密切协作,走基层专业人员与栗农相结合的路子,选种工作才能收到事半功倍的效果。

二、良种的评判标准

同"人无完人,金无足赤"一样,板栗也无十全十美的良种。优良的标准是相对的。在多年的选种工作中,我国板栗业界公认板栗优良品种大致应包括以下几个方面:

(一)丰产性状

每一平方米树冠占地面积产量在 500 克以上。早期丰产,隔年结果现象不明显。能达到这一丰产标准的实生单株,一般都具有树冠紧凑,树姿较开张,发枝力强,雌花量较多,雌雄花序比例较小,栗苞皮较薄,出实率在 40% 以上等特征。

(二)品质指标

根据区域位置和食用方式,评判标准应有所区别。

北方栗产区(丹东栗除外)和南方栗产区的西南品种群炒食用栗,栗实大小以每千克 100~120 粒(单粒重 10~8.4克),栗果油亮美观,大小均匀,果肉香甜,总糖含量占干重的20% 左右。果肉淀粉质地细腻,具糯性。

长江中下游栗产区和南方栗产区的东南品种群菜用栗,栗实大小以每千克 70 粒以下(单粒重约 14 克以上),果实整齐,色泽美观,果肉淀粉含量高,占干重的 60% 以上,淀粉质地偏粳性。

(三)贮藏性

采收后在一般贮藏条件下,4 个月后腐烂率不超过 5%。

(四)抗逆性

抗逆性是指对病虫害、干旱、水涝和低温等不良条件的抵抗能力。此项指标应根据本产区生产中存在的问题而定。要特别注意选择抗栗瘿蜂和栗实象甲的品种。长城以北地区还要注意选择抗寒品种。

(五)其他的优良性状

在众多的实生单株中,还有一些特异的性状,如有的成熟期特早;有的无刺束,总苞或枝叶色泽特殊;有的雄花序全部或部分枯萎;有的枝干盘曲下垂;有的重短截后基部芽萌生的新枝结果率很高等。这些有特异性状的单株,丰产性不一定很强,但有些具有较高的观赏价值,有些可作为育种的宝贵材料。

三、实生选种的步骤

目前我国板栗的实生选种,一般分作五步进行。

第一步:选择与报优。基层技术人员在广泛向群众宣传选优工作内容,发动群众报优的同时,采用访问、座谈和栗园观察等方法,将群众报优与观察中发现的优良单株线索,作进一步观察和调查,测定其2～4年的平均产量和果实品质,从中选出较为优良的单株,按主管部门统一要求登记填表,并向上一级主管部门报优。

第二步:地方性鉴评初选。一般由省级选种主管部门直接或委托科研单位(或地市级主管部门)组织鉴评。主要内容包括产量、品质及其他优良性状。品质鉴评以品尝为主,按炒食栗与菜用栗不同的食用方法,分别炒熟和蒸熟。评比采用记分法,分外观(15分)、整齐度(15分)、肉质(25分)、甜度(30分)和香味(5分)共五项。经过集体评议,确定初选的优良品种单株。

第三步:建立良种复选圃。一般是选用同龄砧木进行嫁接,每一个品种不少于4株,要设有重复,宜用拉丁方排列,复选圃品种园周围设保护行。要有专人进行观察记录。对植物学特征(树形、枝条、叶片、雄花序、总苞、栗实)、生物学特征(发枝和结果习性,物候期)和经济性状,按统一规定要求,认真及时观察记录。并连续 2～3 年测定果肉糖、淀粉、蛋白质、水分的含量及淀粉糊化温度。在此基础上,确定复选入选品种。

第四步:进行区域性中间试验。对经过复选的品种,分别在大产区内不同生态条件区域进行扩大试验,以进一步了解复选品种在较大面积内的性状表现和生态适应性。有条件的也可跨大产区进行试验观察。区域试验观察的内容,主要包括产量、果实品质、果实大小和均匀度,生物学特性以及抗逆性等。

第五步:省或省级以上林木良种鉴定委员会批准并命名。按规定程序及内容,填报良种认定申请资料,登记注册,经鉴定委员会通过后,在规定刊物上向社会公布。

第三节　板栗良种苗木的快速培育

一、认识误区和存在问题

板栗良种苗木的快速培育,一般是采用芽苗嫁接法和小拱棚育砧秋季嫁接法。

芽苗嫁接,又称子苗嫁接。就是在板栗实生幼苗第一片叶刚刚展开时,嫁接上良种接穗。对此,许多人认为,幼苗茎的颜色还是白色的,嫩得像豆芽一样,嫁接上 1 年生的接穗,是不可能成活的。因此,不敢应用这一方法。其实,这种担心是多余的。

大家都知道,在对已成熟的枝茎嫁接时,由于在枝茎的六个组成部分中,只有形成层的细胞最活跃,分裂能力最强,是决定嫁接能否成活的关键。而芽苗的幼茎,正在迅速生长过程中,茎的各部分细胞都很活跃,所以愈伤组织形成的速度要比成熟的枝茎快,更利于成活。笔者自20世纪80年代开始,就主持对这项应用技术进行研究,并取得了明显的成效。从催芽算起,70多天就可培育出板栗良种嫁接苗。

对小拱棚育砧秋季嫁接法,由于受传统的板栗嫁接只能在春季进行旧观念的束缚,因此,大多数产区至今仍固守先育砧1~2年,再于第二年或第三年春季嫁接,秋末至初冬或第三至第四年春天再出圃定植的做法。这种做法育苗周期长,成本高。实际上,在我国板栗产区,除长城以北霜冻较早的地区之外,其他产区的秋季气温,有一段与春季相似。近几年来,许多地方采用小拱棚育砧,秋季嫁接,当年初冬或翌年早春出圃定植的方法,取得良好的效果。

二、芽苗嫁接法操作规程

(一)选　种

板栗收获时,选择充分成熟、无病虫害、无霉变和没失水的大粒种子,供培芽苗砧用。

(二)种子贮藏

将选取的板栗种子,按本书第九章第二节中《贮藏技术》所介绍的方法进行贮藏。

(三)建造简易温棚

该棚是催芽、育砧和培育嫁接苗木的场所。一般可选用两种方法进行建造。

1. 半地下式塑料温棚　选背风、向阳处,挖宽2米、深40厘米、长度根据种子数量多少而定的东西向的坑。北墙垫至距坑底 65 厘米左右,两侧墙自然倾斜,坑底铺垫 15 厘米厚的肥沃砂壤土,作成两道宽 0.85 米的平床,中间留出 30 厘米宽的行道,以便作业。在两侧墙上留两个 10 厘米×10 厘米的通气孔。上搭竹棍、木条作架,盖上塑料薄膜即成。也可选择南低北高的自然地形建造(图 2-1)。

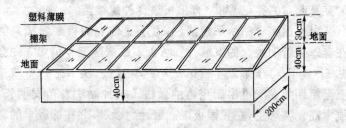

图 2-1 半地下式塑料温棚

2. 地上拱形温棚 选背风、向阳和肥沃的砂壤土地做成畦田,垄背高 20 厘米左右,畦宽 90 厘米。畦内施肥,深翻,耙细,做成平床,用竹条或绵槐条等树条,插入垄背,间隔 1 米,做成高 50 厘米的拱形,上盖塑料薄膜(图 2-2)。

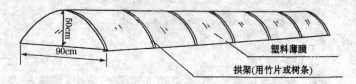

图 2-2 地面拱形温棚

(四)催 根

2 月下旬,将沙藏的种子取出,捡去霉变粟,将好种子均匀地摆放到塑料温棚的平床上,然后用含水量 10% 左右的湿沙掩埋。一般可摆放两层。上面覆盖 3 厘米厚的湿沙,将温棚用塑料薄膜盖严。

(五)截 胚 根

当胚根长至 3～5 厘米长时,取出截去 1/3～1/2,留 1.5～2 厘米长。这样可以使侧根增加,根系发达,苗砧变粗,利于嫁接。截胚时,可用手轻轻地将其折断,或用刀片切断。

(六)培育芽苗砧

将截胚的种子,采用点播法,平放于苗床,株距 5 厘米,行距 10 厘米,每平方米播种量为 200 粒。播后覆盖湿沙土,厚度以 7 厘米为宜。若盖土过厚,则出苗时间过长,延误嫁接时间;而盖土过薄,则芽苗苗茎较细,不易嫁接。种子播种之后,设置地温、气温观察仪表,盖好塑料薄膜。

要加强育砧床的管理。若床内地表干裂,可于早晨或傍晚喷水;播种 10 天左右,要经常观察。砧苗顶土后,严防日灼,特别是在 12～14 时之间,塑料温棚内的最高气温不得超过 32℃。若达到这一极限,可揭膜降温或盖上能够遮挡阳光的覆盖物。

(七)芽苗嫁接

1. 采集和贮藏接穗　3 月上旬,在当地选用的优良品种树上,挑选发育充实、芽子饱满和粗 3～5 毫米的 1 年生枝剪下,截成 15 厘米长,用石蜡全封,放入塑料袋,置于阴凉处,或不用蜡封,每 100 支捆一束,用湿沙埋于阴凉处备用。沙的湿度以手握成团,抛之即散为度。

2. 掘砧苗　第一片叶子即将展开时,即为嫁接最适宜期。将砧苗用铲轻轻从砧床内挖出。挖时要防止机械损伤,保持根系完整,避免损毁子叶柄和坚果脱落。将掘出的砧苗,要整齐地放入盆子之类的容器内。在容器底部铺上湿锯屑,以保持根系的水分。晴天,为防止日晒可将砧苗搬入室内嫁接;若逢阴天或早晚嫁接数量较少时,可在砧床或大田苗圃就近随掘,随接随栽。

3. 嫁接 采用劈接法。

(1)削接穗 选与砧苗粗度基本相当的接穗,留两个芽,下端削成楔形,削面平滑,长1.5厘米。

(2)切砧木 用刀片将芽苗砧在子叶柄上2.5厘米处切断,然后将幼茎从中间劈1.5厘米深,随即将削好的接穗插入,使一边与砧苗对齐,如接穗粗于砧苗,另一端势必凸出,可将凸出部削去,以使其密接。

(3)绑扎 可用麻坯、旧麻袋绳或电工黑胶布绑扎。这些物品,在潮湿的砂土中,会逐渐腐烂,不需解绑,对生长发育也无不良影响。最后,将新的结合体整齐地排放在容器内,并将根部用湿锯屑掩埋好,以待栽植(图2-3)。

(八)接合体温棚培育

将嫁接后的结合体,栽植于温棚内。如准备于5月份用嫁接苗直接建园,为便于移栽,亦可将结合体栽植于用地膜等制成的袋状容器内,再排放在温棚内。接合体的埋土深度,可与接穗顶端持平。栽植时,要用拇指、食指和中指,轻轻捏住包扎处,不要提动接穗,以防结合处脱落和松动。

调节好塑料温棚的温度和湿度,对提高嫁接成活率和促进苗木发育是至关重要的。棚内气温以掌握在20℃～32℃之间为适宜,最高极限为34℃,最低极限12.4℃,平均温度为25℃左右。调节温度的方法是:每日8时后,将温棚上的覆盖物(草苫或其他能够遮光、保温的物品)揭开,使其接受阳光照射。当温度上升到最高极限时(一般是在12时至14时之间),再盖上覆盖物。14时后,将覆盖物揭开,日落前再盖严保温。棚内相对湿度保持在90%～95%之间,用眼直观则为经常处于雾茫茫状态。保持湿度的方法是:棚内表土稍干

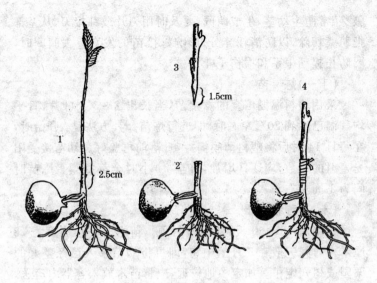

图 2-3 芽苗嫁接法

1. 砧苗 2. 剪砧苗 3. 削接穗 4. 插入接穗和绑扎

时,即用喷壶喷水,一般每隔 5 天喷一次。

(九)接合体大田苗圃培育

在培育芽苗砧的同时,对大田苗圃施足基肥,深翻后整平、耙细,整修好灌溉渠道,做成宽 1.2 米,长度根据苗圃地的水平程度而定的高床畦田,按 10 厘米×20 厘米的株行距,挖好栽植沟,浇透底水,将嫁接后的结合体垂直放入沟内,把根系及坚果整理舒展,用细土埋至与接穗上端相平即可。

苗床要保持湿润。根据降水情况,应及时喷水。栽植 10 天左右,新根开始生长,嫁接部位开始产生愈伤组织。此时期如遇干旱,可在行间垄沟内适量灌水,但切勿大水漫灌。

(十)去 萌 蘖

板栗隐芽萌发能力较强,上胚轴基部和子叶柄腋部的"胚腋芽"常萌生幼茎,生成萌蘖,要及时用刀片或芽接刀,从基部把萌蘖切除,以防消耗养分,影响嫁接苗的发育。去萌蘖时,要防止提动根系和损伤子叶柄。

(十一)炼 苗

采用塑料温棚培育的嫁接苗,当长出 2～3 个叶片,日平均气温已达到 20℃左右时,即进行炼苗。其方法是:开始时,在每日 14 时后将塑料薄膜揭掉,日落前再盖好。幼苗接受阳光直射的时数,应逐日增加,直至 24 小时全都揭膜。炼苗时间为 1 周左右。

(十二)移栽建园

嫁接后 45～50 天,新梢即封顶。苗木的平均高度为 18 厘米。时间一般在 5 月上中旬,即可将幼苗移入已经整好的栗园或树穴定植。如定植地较远,应将苗木放入容器内运送。要特别注意保护好根系和子叶柄,避免损伤,以提高成活率和保证健壮生长。

按照以上技术规程,根据对 100 棵种子和苗木的定时观察,结果表明,从种子催芽至移植建园,共需 72 天。

在大田苗圃培育的苗木,如计划初冬或翌年春天移植建园,则要在 6～9 月份,加强对苗圃的管理。出现干旱要及时浇水;每隔 15～20 天中耕除草一次;6 月上旬和 7、8 月中旬各追施尿素一次,每次 667 平方米施用量为 4 千克左右。有条件者每隔 20 天左右,用浓度为 3‰的磷酸二氢钾液和 3‰的尿素液交替进行叶面喷肥,效果更佳。大田苗圃的苗木一般在 9 月上旬停止高生长,苗木封顶。

实践证明,采用芽苗嫁接法培育的良种苗木,具有育苗成本低,节省育苗地和缩短土地占用时间,建园成活率高,定植后胴枯病、栗透翅蛾危害减轻,增产效果显著等优点。山东省费县彭家岚子村栗农鲁正祥,于 1982 年在相连的地块,用两种苗木分别建园 867 平方米和 773 平方米,品种为石丰和海丰,连续七年的 667 平方米产量,用芽苗嫁接苗建园者,比用常规嫁接苗建园者高 20.4%。

三、小拱棚育砧、秋季嫁接法操作规程

(一)选 种

种子的贮藏、催根和截胚根,可仿照芽苗嫁接法进行。

(二)整地与播种

选择土层深厚、靠近水源、距预定建园地近的阳坡地,深翻后耙细、整平,做成畦面宽 80 厘米、畦埂宽 40 厘米的苗床。每 667 平方米施用有机肥 2 000 千克,复合肥 30 千克,硫酸亚铁 2 千克,辛硫磷 1 千克,然后将地整平。每畦开沟 2 行,沟距 40 厘米,沟深 10 厘米,浇足底水。将栗种平放于沟内,忌种尖向下和倒放,株距 15 厘米。播种后及时覆土 3～4 厘米厚。

(三)设置拱棚和盖膜

播种完成后,在北方栗产区,要及时建造拱棚,并盖无滴膜。拱棚的建造方法见图 2-2。盖棚后,要根据气温变化,及时调节棚内温度。一般夜间应加盖草苫。棚内温度达 30℃左右时,要及时通气;超过 32℃时,要及时盖棚,防止日灼。5月上旬前后,平均气温达到 16℃～18℃时,可以揭膜。在长江中下游和南方栗产区,一般只在播种覆土后覆盖地膜即可。

(四)幼苗期的管理

幼苗管理,主要是雨季到来之前(6 月底前)防旱。一般在 4～6 月份,视田间土壤含水情况,浇水 2～3 次。浇水时,要顺沟浸灌,不要漫灌,灌后要松土。要结合灌水施用速效氮

肥,一般可每 667 平方米施尿素 15 千克。8～9 月份,遇秋旱后还应灌水。苗期要中耕除草。病虫害防治的重点,是防治栗白粉病。

当幼苗长至 40 厘米左右高度时,要及时摘心,促其加粗生长,以利于秋季嫁接。

(五)幼苗嫁接

嫁接的适宜期,北方栗产区一般为 9 月上旬至下旬,长江中下游产区和南方产区,一般为 9 月上旬至 10 月上旬。

嫁接时,采用带木质部芽接法(或称嵌芽接)。具体操作方法如下:

1. 采接穗 从生长健壮的优良品种树的树冠外围,剪取发育充实、芽子饱满和无病虫害的发育枝。剪去叶片,只留叶柄。

2. 削芽片 在接芽上方 1.5 厘米处入刀。当刀刃略进木质部后,便向前直推长达 3 厘米时将刀退出。再于接芽下方 1 厘米处,成 30°角斜削下去,以切断芽片为度。然后将芽片取下,含于口中待接。

3. 切接口 在砧苗离地面 5 厘米处,选光滑部位,切一个比芽片稍长、形状相似的接口。

4. 插入芽片与绑扎 接口切好后,随即将削好的芽片插入接口。插芽片时,一定要使芽片和砧木上的形成层相互吻合好。如果切面的大小不相等,也要使二者一边的形成层相互吻合好。再用塑料条将插好的芽片绑紧、封严,只让芽子外露(图 2-4)。

5. 检查补接 嫁接 15 天左右后,即应检查成活情况。若芽子新鲜饱满,叶柄一触即落,即为已成活。否则,说明没成活,应抓紧补接。

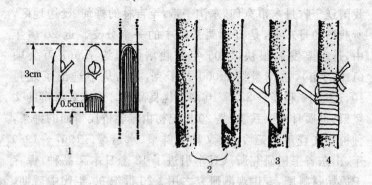

图 2-4 带木质部芽接示意图

1. 取芽片　2. 削砧木　3. 芽片嵌入砧木　4. 绑扎

6. 剪秋梢　确认接芽成活后,即可剪去砧苗秋梢,以增加养分积累,促进接芽生长。

采用此嫁接方法培育嫁接苗,成活率为 95% 左右。可以于初冬落叶后或翌年早春,出圃定植于园内。定植后,当年平均自然生长高度为 1.15 米,地径平均粗 1.4 厘米。此法在长江中下游产区、南方产区和北方产区的长城以南地区,以及同类气候条件的地区,均为适宜。北方产区相对寒冷的地方,如长城以北地区,尚未见有采用的信息。

第四节　引种日本栗品种

一、动　态

日本栗,系栗属植物的一个种,原产于日本和朝鲜半岛。在世界食用栗中,其比例大于欧洲栗和美洲栗,但次于中国板栗。本世纪初,其产量占全球食用栗总产量的 1/4 左右。在我国辽宁省丹东市宽甸、东沟一带，至吉林的桦甸、延边地区，所栽培的丹东栗，是日本栗系统中的一个分支。近 20 多年中，丹东栗发展很快，2005 年的栽培面积约 7.667 万公顷（115 万亩），总产量约 3 000 万千克，并已从中选出了辽丹 10、辽丹 13 和辽丹 23 等 10 多个优良品种。山东威海市的文登栗，也属日本栗系统，是 20 世纪初由旅朝侨民带回的种栗，种植在文登市水道乡，故又称朝鲜栗、水道栗。1967～1980 年，山东省果树研究所从日本引进了 13 个日本栗品种，保存于原始材料圃，专供观测研究之用。20 世纪 90 年代中后期，特别是我国加入 WTO 之后，日本栗在我国栽培的分布与面积扩展加快。1994 年，日本商家在江苏邳州市直接用日本栗品种苗木建立生产基地，面积已发展到 200 公顷左右。1995 年，韩国商家从韩国引进数十个日本栗品种，在我国山东省日照市岚山区黄墩镇山区建立生产基地，面积已发展到 1 000 余公顷。上述两个日本栗生产基地所产的栗实，经初加工后全部返销日本和韩国，已成为当地外向型经济的新产业。此外，山东济南市历城区，临沂市莒南县，日照市五莲县、莒县，烟台市蓬莱，青岛市平度，潍坊市诸城，泰安市徂莱山，枣庄市山亭区，以及江苏省连云港，安徽省金寨和滁州，河南省大别山区，广西壮族自治区百色，湖北省钟祥等地，也都已引种栽培。目前，扩展势头不减。

日本栗近几年来在我国发展较快的原因，与日本、韩国部分经营栗产业的商家向我国转移密切相关。以日本为例，由于其本土农业劳动力资源紧张，一个劳动工日的工资折合人民币约 500 元（2002 年），加之，大面积产量每 667 平方米在 75～150 千克之间，生产效益低，与其他果树比较，效益逐年下降，无竞争优势。因此，栽培面积与产量呈下降趋势，2002

年总产量较 1985 年减少 37.6％。韩国的情况与日本也颇为相似。而在我国建立生产基地,再将初加工品运回其本土,生产成本会大幅度降低。另一方面,对我国栗农而言,栽培日本栗的效益高于我国板栗。日照市黄墩镇的 4～5 年生日本栗生产基地,较大面积丰产园的 667 平方米平均产量在 400 千克左右,果农销售收入 4 000～5 000 元,比栽培同等条件的中国板栗园高一倍多。双赢的结果,无疑是发展的强大动力。在山东日照、江苏邳州等地,日本栗栽培与加工的新兴外向型产业链,已初步形成。

二、综合性状表现良好的日本栗主要品种

在我国苏、鲁、豫、皖、鄂等省,综合性状表现良好的日本栗主要品种如下:

(1)丹泽 由日本国农业技术研究所园艺部用乙宗和大正早生杂交育成,1959 年命名公布。是早熟的代表性品种。

该品种树姿开张,树势强。丰产,大小年现象不明显。栗实三角形,深褐色,单果重 23 克。果肉淡黄白色,粉质。成熟期在 8 月中下旬至 9 月上旬。该品种对胴枯病抵抗力较强,而对栗瘿蜂抗性较弱,易受桃蛀螟危害。适宜在较肥沃土地作授粉树栽植。

(2)国见 由日本国农业部园艺试验场育成。亲本为丹泽和石槌。1983 年命名登记。

该品种树姿较开张,丰产,树势中庸,随树龄增大而成渐弱趋势。栗实圆形或稍呈圆三角形。果皮褐色,光亮,美观,果肉淡黄色,粉质,甜度一般,单果重 20～25 克。成熟期为 9 月中旬。该品种对胴枯病和栗瘿蜂抵抗力均很强,受桃蛀螟危害也较少。适宜在肥沃土地作授粉树栽培。

(3)筑波 由日本国农业部农技研究所园艺部育成。1959 年命名登记。由岸根和芳养玉杂交培育而成。

该品种树姿较开张,树势中等,早实,丰产,产量较稳定。栗实为短三角形,果顶稍尖。果皮红褐色,有光泽。果肉淡黄色,粉质,甜味与香味较浓。单果重 20～25 克。成熟期为 9 月中下旬。该品种适应性较强,是中熟的代表性品种。山东和江苏的日本栗园,都将其作主栽品种选用。

(4)银寄 原产于日本大阪能郡,是偶然发现的实生种。后被广泛种植,并逐步发展成代表性品种。

该品种长势强,树冠大,树姿满圆形,树冠较开张。新梢分枝密度大。发芽早,落叶晚。高产稳产。栗实为扁圆形。果皮深褐色,光亮美观。果肉淡黄色,粉质,味甜,香气浓郁。单果重 20～25 克。于 9 月下旬成熟。对栗瘿蜂的抵抗力较强。目前在日本和韩国被选作主栽品种,广为种植。但该品种早期丰产性稍差,进入高产期稍晚,对胴枯病的抵抗力较弱,果实不耐贮藏。

(5)岸根 日本山口玖珂郡坂上村称作岸根的地方广泛栽培。属偶发实生,来历不明。树冠直立,树势强。丰产稳产。果实扁圆形。果皮深褐色,有光泽。平均单果重 25～30克。果肉乳白色,粉质,甘甜,品质优良。是晚熟的代表性品种,成熟期为 10 上中旬。

(6)晚赤 日本国茨城县栽培的古老品种。

该品种树势强,树姿较直立,丰产。单果重 30～35 克。扁圆形,褐色。果肉淡黄色,粉质。对栗疫病、红蜘蛛和栗瘿蜂均有较强的抗性。10 月上中旬成熟。

(7)石槌 由日本国农业部园艺试验场育成,于 1965 年命名登记。由岸根与笠原早生杂交而成。

该品种树势中等,树姿开张,丰产性较好。栗实扁圆形。果皮红褐色,有光泽。果肉淡黄白色,粉质,品质优,最适宜贮藏和加工。是晚熟的代表性品种,成熟期为9月下旬至10月上旬。对胴枯病和栗瘿蜂抗性均强。

日本栗优良品种,还有利平、金华、大峰、紫峰和三宫等,其性状如表2-5所示。

表2-5 日本栗部分品种性状简况

名 称	原发地	栗实重 (克/粒)	熟 期 (旬/月)	评 价
利 平	岐阜县	重20~25克,深褐色,有光泽,果肉黄色,粉质致密,较甜	下/9至上/10	由日本栗与中国栗杂交而成,涩皮较日本栗好剥,适应性强,产量中等。但抗胴枯病和栗瘿蜂能力较弱
金 华	岐阜县	重25克,深褐色,光亮美观,果肉乳黄,粉质,味香甜	中/9	树冠直立,长势强,稳产。在辽宁丹东地区和山东日照市表现良好
大 峰	茨城县	重20~25克,深褐色,果肉黄色,粉质	中/9	树冠扁圆,较开张,丰产,对栗瘿蜂抗性较强
紫 峰	农林省育成	重26克,深褐色,果肉淡黄色,粉质	中、下/9	树势强,树姿较直立,半开张,丰产。抗栗瘿蜂、胴枯病、栗实炭疽病能力较强
三 宫	神奈川县	重20~30克,深褐色,果肉黄色,致密,粉质,风味优	中、下/9	树势强,树姿直立,丰产稳产,抗栗瘿蜂

三、日本栗的特点及引种注意事项

对引种日本栗,也存在一些误区。如有的对日本栗的特点缺乏最基本的认识,有的并不具备与之相适应的加工条件,也盲目大量引种,给生产经营带来潜在风险;也有的以我国板栗的优点与日本栗的缺点相对比,认为在我国栽培日本栗是舍优而取劣。

要引种日本栗,就必须对日本栗的特点有客观、清醒的认识。日本栗具有易早实丰产、栗实大和加工性能好等优点。特别是加工制作罐头,能使果肉充分吸糖,耐蒸煮,不变形,遇糖水不溶化,可保持糖液清澈透明。这些优点是加工制作优质、高档次栗子糖水罐头的必备条件,是我国板栗还无法达到的。其产品在日本、韩国及欧美等地颇受欢迎,市场广阔。日照市林业局高级工程师王云尊先生与日本栗加工专家的合作实验也证明,用我国南方菜用栗品种作原料加工制成的罐头,在口感、外观和消费者认可度方面,均不及用日本栗作原料而加工制作的罐头。

但是,日本栗也有弱点。我们应当用其长而避其短。笔者认为对引种日本栗既要在市场机会到来的时候,抓住机遇不放,又必须保持清醒的头脑和谨慎、科学的态度。在决策与运作过程中,至少应注意以下四点:

第一,要形成产业链条。由于日本栗不宜炒食,不经加工而直接食用口味较淡。如本经济区域内没有专门的加工企业,产品不能外销,则失去其优势,难以与我国板栗竞争。故在建立生产基地之先,生产者必须要与实力相当的国内外商社、公司形成产业链条,以保障产品销售的顺畅和效益。而且种植规模应与商家收购、加工能力相当。不能盲目跟风,一哄而起。

第二，要认真考察、论证和试验。发展之初，应首先到国内同类气候与土壤条件的日本栗生产基地考察，经专家论证，并进行小规模的适应性观察试验。然后，确认日本栗在本地区的适应性和最佳品种组合。

第三，要把园地建在土壤肥水条件较好的地块。由于日本栗大多数品种不耐瘠薄，且抗干旱、抗枝条冬季抽干及抗胴枯病的能力也均较弱，所以，建园时应选择较肥沃的土壤，并有水浇条件。

第四，不要将日本栗与我国板栗混栽。为避免因花粉直感现象可能造成的影响，除专供研究、育种及种质资源保存需要而设置的试验园和种质圃之外，生产园内不宜将日本栗与我国板栗混栽。

第三章　建设高标准板栗园是
提高效益的基础

第一节　选好园址

一、认识误区和存在问题

在选择板栗园址时,一些无板栗栽培历史的新区,往往会盲目地认为:什么样的位置都能栽培板栗,什么样的土壤和地势都适宜栽培板栗,什么样的气候条件都能栽培板栗。因此,在有些不适宜栽培板栗的地区及地块也盲目建设栗园,终因违背板栗生长发育对环境条件的要求而失败,造成经济损失。

板栗同其他果树一样,与环境是一个矛盾的统一体。两者是相辅相成,相互制约的。环境影响着板栗的生长、发育和分布,同样板栗也影响它的环境条件。栗树对生长环境,诸如空气、土壤和气候等,都有不同于其他树种的特点。

栗树一旦栽到地里,将在此处生长几十年至上百年。如栽植地点不当,其不良影响将累计增加。如等到树已长大才发现栽培地点与环境不适宜,则为时已晚。更换树种或园址又会劳民伤财,造成经济损失。因此,在建设栗园之前,就必须深入了解板栗栽培与环境条件关系的基本知识,认真选择好园址,做到适地适树,因地制宜。

二、高标准板栗园的环境条件

(一)空气环境条件

随着经济的高速发展和城市化进程的加快,板栗等果树因污染而受害的问题逐渐显露出来。

1. 污染空气的有害物质　造成空气污染的主要有害物质,有以下几种:

(1)亚硫酸气[二氧化硫(SO_2)]　主要由矿物燃料产生而成。主要是重油含有的硫黄成分在燃烧过程中气化产生的。

(2)氮素氧化物(NO_x)　在硝酸的生产过程中和内燃机、发电厂与汽车的尾气都会产生氮素氧化物。

(3)氧化物质(光化学反应物质)臭氧　是第一次污染的氧化氮经紫外线照射后所生成的二次污染物质。

(4)氟氢化合物　主要来源于铝电解厂、磷肥矿石原料厂及陶瓷业、砖瓦厂、制铅厂和玻璃厂。

(5)其他污染物　还有煤尘(煤粉尘)、悬浮粉尘(如水泥粉尘)、氯化氢(主要由燃烧炉和燃烧塑料生成)和乙烯(产生于有机物不完全燃烧、乙烯工厂、煤气厂的排出气体)等,也造成空气的污染。

以上这些污染物达到危害浓度时,会使叶片光合作用下降,甚至叶片黄化、白化、变红、坏死、落叶和果实腐烂。有害物质在果实中含量超过安全标准。因此,板栗园地应避开工业和城市污染源的影响,建在空气新鲜的地方。

2. 空气质量安全标准　进行绿色食品和有机食品生产,空气环境必须符合《中华人民共和国农业行业标准(NCY/ T391—2000)绿色食品·产地环境条件》中规定的标准（表 3-1）。

表 3-1　生产绿色和有机果品的空气质量标准

主要污染物		任何一天平均	任何小时平均
总悬浮颗粒物（毫克/米³）	≤	0.30	—
二氧化硫（毫克/米³）	≤	0.15	0.5
氮氧化物（NOx）	≤	0.10	0.15
氟化物（微克/米³）	≤	7	20
铅（克/米³）	≤	季平均1.5	

（二）土壤环境条件

板栗等果树依赖分布于土壤中的根系而支撑地上部的茎干和枝叶，同时从土壤中吸收水分和养分而生长发育。因此，园地的土壤环境，如通透性、酸碱度、含盐量和农药积累等各种情况，对根系的生长发育及机能的发挥，有直接或间接的作用，从而对板栗树的生长发育也有明显的影响。

板栗树在含有机质较多的砂质壤土中生长，有利于根系的生长和产生大量的菌根。土质黏重，通气性差，常有积水的土壤，不适宜板栗生长。

板栗树对土壤酸碱度（pH 值）敏感。其适应范围为 pH 值 4～7.2，最适宜为 pH 值 5～6，含盐量小于 0.1% 的微酸性土壤。pH 值大于 7.5，含盐量大于 0.2%，则生长不良。

山区石灰岩风化的土壤，一般为碱性，栗树在这种土壤上生长差；但在南方地区，降雨多，淋溶作用强，石灰岩形成的土壤呈酸性，也适合栽培板栗。花岗岩、片麻岩风化的土壤为微酸性。这类土壤通透性较好，适合板栗生长。有些土壤中还有很多未风化的砂砾，板栗在这种土壤中生长也较好。

栗树适应于酸性土壤的原因，是因为板栗是高锰植物，叶片中锰的含量高达 0.2% 以上,明显高于其他果树。当 pH 值高时,锰呈不吸收状态,叶片中锰含量低于 0.12% 时,表现为叶片失绿,代谢功能混乱。因此,板栗必须在微酸性的土壤里才能生长良好。

土壤若被污染,土质变坏,板结无结构,栗树在这种土壤上就会生长不良,栗实中的有害物质就会超标。在进入规范的国内外市场时,会遭遇"绿色壁垒"。因此,园地必须选择在未受污染的土地。在进行板栗绿色食品和有机食品生产时,土壤中重金属污染物的含量,必须符合《中华人民共和国农业行业标准(NY/T 391—2000)绿色食品·产地环境条件》中的规定(表 3-2)。

表 3-2　生产绿色和有机果品土壤污染物的限量指标

重金属含量	不同土壤 pH 值		
	<6.5	6.5～7.5	>7.5
镉 ≤ (毫克/千克)	0.3	0.3	0.4
汞 ≤ (毫克/千克)	0.25	0.3	0.35
砷 ≤ (毫克/千克)	25	20	20
铅 ≤ (毫克/千克)	50	50	50
铬 ≤ (毫克/千克)	120	120	120
铜 ≤ (毫克/千克)	100	120	120

(三)气候环境条件

1. 光照　栗树为喜光树种,耐阴性极弱,要求阳光充足。背阴处的枝条容易枯死,结果良好的母枝大多是受光良好的顶端枝,主要分布于树冠的表面。光照不良时,树冠直立,枝条徒长,叶薄枝细,老干易秃裸,果实产量低,品质差。故栗树应栽于光照良好的开阔地带,在晴天能满足 6 小时以上光照的地方建园。板栗对太阳光辐射量的适应范围较广,在年光辐射量 130～140 千卡/平方厘米的河北迁西及 90～110 千卡/平方厘米的长江以南,均能正常生长。

2. 温度 板栗属暖温带果树,喜暖湿,要求年平均气温为 10.5℃～21.8℃,最高不超过 39.1℃,绝对最低气温不低于－24.5℃,在这种温度条件下,板栗树都能正常结果。板栗在年平均气温不足 5.5℃,绝对低温低于－35℃的地方,不能生长。在年平均气温为 7℃～8℃的地区,因成熟期温度不足,果实小,品质低劣,冬季枝条抽干严重,不宜作经济栽培区。

3. 降水量 板栗对雨量要求不严,在年降水量为 500～800 毫米和 1 000～2 000 毫米的条件下,均能正常结果,而以年降水量为 700～800 毫米为最适宜。在 4～10 月份生长期,适量的降雨能促进生长和结果,7～8 月份至采收前出现夏旱,会导致减产。但是,生长期降水过多,对板栗的生长有不利影响。新梢速生期连阴多雨,会使新梢徒长;开花期连续降雨,则授粉、受精不良,易造成生理落果。我国南方有"干黄梅(梅雨季节少雨),栗丰收;湿黄梅(梅雨季节多雨),栗少收"的农谚,就是例证。

4. 风 板栗是风媒花。花期的微风有利于授粉。微风吹得枝叶轻轻摇动,使叶片均匀着光,同时冠内通气好,有利于光合作用。但暴风和强风,则易造成折枝、落叶和落果等损失。因此,在建园时要避开风道。有造成风害可能的园地,要建造防护林,并采用矮化密植方式栽培。

(四)海拔及坡向条件

温带地区山地的板栗栽培区,要求在海拔 500 米以下。在亚热带山区海拔较高的地方栽植板栗,因为有较长的生长期,故也能结果。

板栗对坡度要求不严,可在 15°以下的缓坡建园。在 25°

以上的坡地建园时,必须搞好水土保持工程,修筑梯田或鱼鳞坑(树坪),方可栽培。

在山地,宜选阳坡或半阳坡种植板栗。在北方高纬度地区,东西坡易遭冻害,北坡则光照不足,结果不良,种植板栗时要加以避免。在低矮丘陵,板栗对坡向要求不严格。一般阳坡土质较薄,而阴坡土层较厚,土壤湿度较大。

(五)栗园要上山、入岭、下滩

我国是可耕地资源奇缺的国家,但我国还有大面积的荒山、秃岭和河滩尚待开发,中西部地区退耕还林的山岭地中,也有许多适合板栗的生长和发育。因此,板栗园址应坚持"上山、入岭、下滩"的原则,不要把板栗园建在基本农田里。这样,可以防止水土流失,优化生态环境;同时,板栗是"木本粮食",栗园上山、入岭和下滩,就等于开辟了粮食生产的第二条战线,对建设环境友好型社会,坚持可持续发展的方针,具有重要的意义。

第二节　园地规划

一、认识误区与存在问题

目前,我国的板栗园,有的是历史传承下来的,有的是经营者在承包的土地、荒山上新建的,按每一农户的占有量计算,规模一般不大。但连片面积上百公顷、上千公顷,甚至几千公顷者,在集中产区到处可见。由于受小生产观念的束缚和缺乏统一的规划,这些栗园中真正按规范化要求进行园地规划者,很少见到。随着栽培技术的发展,园区功能不全、不便操作和管理的弊端逐渐显现,影响了效益的进一步提高。

板栗的生命周期长,为了获取最大而稳定的效益,必须要有一套适应现代化管理的配套生产服务设施。新建栗园尤其是大型栗园,在建园之初就应先行规划;对老栗园,也应根据生产需要,亡羊补牢,逐步补缺。

板栗园地规划涉及内容较多,除品种的选用、园地深翻整地已在有关章节详述外,本节着重对作业小区规划、道路系统及建筑物安排、防护林的营造和水利排灌系统的设置,逐一加以分述。

二、作业小区的规划

作业小区的划分,应根据地形、方位、面积大小和便于科学管理的原则,灵活掌握。划分时一般应满足以下要求,即在一个作业小区内,土壤、光照条件大体一致;便于防止土壤侵蚀;便于防止风害;有利于运输和实行机械化作业;不宜跨过分水岭和沟谷。作业小区的面积,在地形切割较为剧烈和起伏不平的丘陵山地,可在1~2公顷;平原地大型板栗园作业小区面积,可为3.33~6.67公顷(50~100亩)。

作业小区的形状,一般为长方形。这是因为在使用机械沿长边作业时,单程较长,可减少打转次数,提高效率。在平原,作业小区的长边,应与有风害的方向垂直;在山地,作业小区的长边,必须与等高线平行。

三、道路系统及建筑物的规划

板栗园的道路系统,由主路、干路和支路组成。主路,要求位置适中,能贯穿全园,便于运送果品和肥料。山地栗园的主路可环山上下,或成"之"字形;干路需沿坡修筑,一般为作业小区的分界线;支路可以在顺坡的分水线上修筑。道路的宽度,不论平地与山地,主路宽5～7米,必须能通过大型运输汽车;干路宽4～6米,必须能通过小型运输汽车和拖拉机等;支路宽2～4米,是人员和小型机械的通路。在梯田地,可利用边埂作人行小道,一般不须另外专修支路。

板栗园的辅助建筑物,主要包括管理用房、贮藏库、农具室、药物配制场和板栗脱苞及包装场。山地栗园的脱苞、包装场和贮藏库,应设置在较低的地方;药物配制场以设在高处较为安全。平原地栗园,脱苞、包装场和药物配制场,宜设在交通方便处,最好设置在小区的中心。

四、防护林的规划

防护林,具有降低风速、调节温湿度、减轻风冻危害、保护栗园正常生长发育和保持水土的作用。防护林有不透风和透风两种类型。建在山坡地上部的栗园,宜设置由大、中、小三种不同高度树冠组成的不透风林带;而建在平地与谷地的栗园,宜设置由一层大乔木组成,或采用一层大乔木加一层灌木的两层结构透风林带。

防护林的设置,依栗园的面积、地形、地势和常年主风向等因素的不同而定。大型栗园的防护林,一般包括主林带和副林带。主林带应与当地风害或常年大风的风向相垂直。主林带间距,一般可按300～400米设置;在风沙大和沿海台风地段,可按200～300米设置。主林带的行数,应根据当地的风速、地形和边缘林等情况而定。副林带应与主林带相垂直,副林带间距一般为500～700米,风大的地区可缩减为300～400米。山地栗园地形复杂,应因地制宜地安排,迎风坡林带宜密,背风坡林带可稀,并应与沟、渠、道路和水土保持工程等相结合设置。小型栗园可只设环园林。

防护林的树种配置,应选用生长迅速,乔木树体高大,灌木枝多叶密,寿命较长,抗逆性强,与板栗树无共同病虫害,根蘖少,不串根,具有一定经济价值的乡土树种。

在一些以板栗为支柱产业的山丘地区,如山东省沂蒙山区的部分流域,在山的中、下部栗树满山遍野,园园相连,山的上部又有茂密的林区,形成了自然林障。所以,这些地区的栗园,均无须再设置专门的防护林。

五、灌溉系统的规划

栗园水利灌溉系统,主要包括灌溉和排水两个方面。

灌溉系统规划的内容,是蓄水、输水和园地灌溉。在丘陵山地栗园,应选溪流不断的山谷或三面环山的凹地,修建小水库、小塘坝,其位置一般应高于栗园,以便于自流灌溉。如水源为河流,或栗园建在河岸边时,则应引水入园。栗园的输水和配水系统,包括干渠和支渠。干渠的走向,应当与作业小区的长边一致;输水的支渠,则与小区的短边一致。现代化栗园的灌溉渠道,均采用有孔的管道埋于园中。在等高撩壕或梯田地带,灌溉渠道都可以排灌兼用。

近年来,国内外现代栗园的灌溉技术发展很快。诸如地下管道浸润灌溉、土壤网灌溉、负压差灌溉、喷灌和滴灌等,有条件者可以选用。

第三节 深翻整地

一、认识误区和存在问题

土壤是板栗生长结果的基地,实现高产高效的基础。然而,由于诸多的因素,在现有栗园中未经过深翻整地者占有相当大的比例。究其原因,有认识上的误区,如认为板栗耐瘠薄,不深翻也能生长结果。也有经济方面的原因,如深翻整地需加大投入,这对财力不足又无资金来源的生产经营者来说,是心有余而力不足。也有规定方面的原因,如土地承包期短,投入多了等于给他人作嫁衣裳,因而不想深翻。还有的山坡陡峭裸露岩石多,深翻整地难度大,单家独户难以操作,只得望而却步。从未深翻整地的板栗园,土壤出现的问题是显而易见的。一是由于雨水冲刷和地面径流,使土壤和养分流失;二是土层浅薄,根系外露,生长受阻,极易发生旱害、冻害和风害,使栗树生长结果受到很大的不利影响。

在许多山区,农民有"土如珍珠水如油,囤土蓄水保丰收"的谚语。这是山区农民世世代代耕作中对深翻整地重要性认识的写照。板栗为深根性树种,只有科学地进行深翻整地,才能使土壤中的水、肥、气、热状况优化,使"深、肥、暄、润、温"皆好,才能养根调根,实现叶茂果丰。

二、深翻整地的方法

深翻整地,要根据地势、坡度、地质、耕作习惯和水土保持情况来确定。一般分为全面整地、梯田整地和块状整地三种。

(一)全面整地

全面整地,也称全园深翻,适用于平原、河滩地和坡度较小的坡地,可用农机具作业。如因受条件限制,定植前不能同步完成全园深翻整地时,也可先挖宽 1 米、长 80 厘米的条带沟,或挖长、宽各 1 米,深 80 厘米的定植穴。待栗园建成后,再逐年扩穴至全园深翻一遍(图 3-1)。在挖条带沟或定植穴和以后扩穴时,表土(熟土)和心土(生土)要分别放置。回填

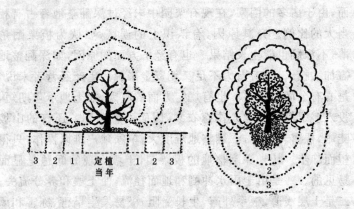

图 3-1　定植后分三年扩穴示意图

左：带状扩穴　右：环状扩穴

时,不要打乱土层,并要掺入有机肥。然后,浇水沉实,以促进有机质的分解(图 3-2)。

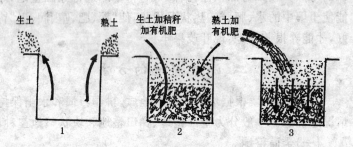

图 3-2　挖大穴和条带沟示意图

1. 生、熟土分别放置　2. 掺入肥料按原土层回填　3. 浇水沉实

(二)梯田"三合一"式整地

一般坡度在 30°以下的坡地,宜修筑等高水平、增厚土层和能蓄能排的"三合一"式保土、保水、保肥的梯田。这是一种效果较好、应用较广的深翻整地方法。

修筑梯田前,首先测定等高线,计算出梯田田面的宽度和地堰的高度。在坡度为5°～25°的山丘地上,一般坡度每增加5°,田面宽度则宜相应减少1米(表3-3)。

表3-3　整修"三合一"梯田的参数

坡度(度)	田面宽度(米)	地堰高度(米)
25	2	0.9
20～24	3	1.1～1.2
15～19	4	1.1～1.3
10～14	5	0.9～1.2
7～9	6	0.7～0.9
5	7～9	0.6～0.8

在确定好地堰高度、田面宽度后,就可根据等高线所在部位的走向,垒砌石堰或土堰。垒堰前,先清理堰基。垒堰时,要自下而上地逐渐向梯田面一侧倾斜,同时削高填低,增厚土层至60厘米左右,并使熟土在上。然后,把田面基本整平,使之外高里低,即外撅嘴,倒流水。在田面的外沿培好土埂,内侧修筑好竹节沟,以防水土流失。竹节沟宽30～40厘米,深35厘米左右,沟内每隔3米左右培一道拦水土埂,以减缓水流,截流下渗。最后,在梯田的两端靠近竹节沟出水口处,各挖一个贮水0.5～1.5立方米的贮水沉淤坑(图3-3)。

(三)块状整地——修筑鱼鳞坑

这种整地方式,适用于坡度在30°以上、岩石裸露的山坡地。这类地形,地下岩位高,裸露岩石较多,整修梯田作业难度大,可采用爆破松土加整修鱼鳞坑(也称树坪)的办法。具体做法是:

第一步,选裸露岩石之间有一定土层的地段,作为栗树定植点。在此定植点中心位置,挖直径为10厘米左右、深100厘米的炮眼,每一炮眼装入0.3～0.5千克炸药和1米长导火

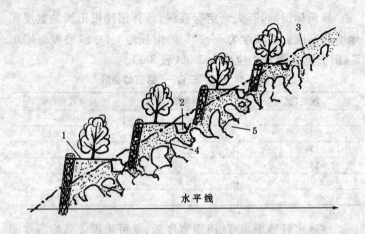

图 3-3　30°坡"三合一"梯田示意图

1. 梯田平面　2. 内沟及贮水坑　3. 原坡面　4. 土层　5. 岩层

索,炮眼口用黏土埋实封闭。引爆后,以土壤能被松动而又不被飞散为适度。松土面积约 2.5 平方米。然后挖出被炸碎的母岩,置于地表,使其慢慢风化。将熟土和有机肥混合均匀,填入炮坑内,整平定植穴,浇水沉实。

第二步,增加定植点的土层,并防止水土流失。根据地形,逐棵修筑外高内低的鱼鳞坑。修筑鱼鳞坑时,要收集周围石缝间客土,加厚土层。鱼鳞坑的大小,应根据裸岩石间土地片的大小而定,一般应与成龄树树冠大体相当(图 3-4)。

第四节　合理密植,精细定植

一、认识误区和存在问题

我国板栗的密植栽培技术(亦称矮化密植、计划密植、变化性密植)始于 20 世纪的 70 年代,目前在许多产区已成为主要的栽培方式。

但是由于许多生产者对这种计划性、变化性较强的科学栽培技术,缺乏深刻的认识和理解,在应用过程中出现了一些偏差。一是有的认为既然密植可以早实、丰产,那就是越密越好,不顾具体条件,全部采用高密度和超高密

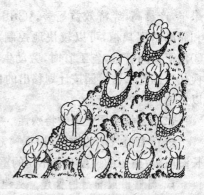

图3-4 裸露岩石陡坡地修筑鱼鳞坑示意图

度;二是在拟发展板栗的新区,有的认为板栗树是高大乔木,栽密了只长树不结果,不敢采用这种园艺化的栽培方式;三是已经实行密植栽培的栗园,普遍存在着只重视增加密度和早期结果,忽视控制树冠,改善光照保持稳产,导致有些较高密度栗园,投产 2~3 年就已郁闭;四是对树冠已出现郁闭的栗园,仍任其自然生长,抱残守缺,导致郁闭逐年加重,树高达到 6~8 米,内膛光秃带达 5~7 米,效益严重下滑,高产园变成了低产园。

二、合理密植的优越性和管理的特殊性

(一)合理密植的优越性

我国至今已完成了板栗密植栽培的小面积试验、中间试验和大面积推广应用三个阶段的科技攻关,技术已经系统配套。大量的事实证明,与板栗传统的栽培方式相比较,进行合理密植栽培,至少有五大优点:①能充分利用光能和地力,板栗树结

果早,产量高,经济效益显著。②山坡、丘陵地采用中、高密度和超高密度栽植,可以较快地控制水土流失,改善生态环境。③便于田间管理,省工省时,劳动生产率高。④便于品种更新换代。⑤把从密植园按计划移出的良种大树用于重建新园,可以迅速扩大再生产。

(二)密植栗园管理的特殊性

进行密植栽培的栗园,根据树冠的扩展情况,在不同的生长阶段,对树冠的调控有着不同的重点。

1. 树冠形成初期的管理 从建园至树冠覆盖度达到 70% 左右,一般需要 1～5 年。在此期内,树冠调控的重点是,扩大树冠,增加分枝,促进早结果,多结果,兼顾整形。

2. 树冠郁闭前期的管理 树冠覆盖度达到 90%～95% 时,栗树处于盛果期。其持续时间的长短,依据控冠技术的不同,差异很大。据调查,控冠好者持续 20 年后仍高产稳产;控冠差者只能持续 2～3 年。此期树冠调控的重点是,构建成丰产树形,控制树高和冠径,延缓树冠扩展速度,促进持续丰产、稳产,延长盛果期年限。

3. 树冠郁闭期的管理 树冠覆盖度达到 110%～120%。其中,行间开始封闭,株间树冠交接率到达 20% 左右,产量由峰值开始下滑,减产的幅度随着交接程度的加重而增大。此期树冠调控的重点因密度的大小而异。对高密度栗园,一般是优化群体,适应个体,即应先间移(或间伐)至适宜的密度,如原株行距为 2 米×3 米,可变为 4 米×3 米,对保留树适当回缩,使树冠覆盖度恢复到 80% 左右。对中低密度栗园,一般是缩小个体,适应群体,即不需间移,只行疏枝回缩,限高限宽,打开行间。通过对郁闭期栗园树冠的调控,使树冠覆盖度恢复至盛果初期的状态。

三、合理确定栽植密度

"不怕行里密,就怕密了行。"这是广大栗农在长期实践中积累的宝贵经验。就是说,栽植栗树时,行内株间密一些,对生长结果影响不大;而行间过密,就会严重影响栗树生长结果。这是因为在密植条件下,栗树的空间环境与根际环境,都发生了有别于稀植的变化。

在空间环境方面,随着树龄的增长,树冠和叶幕很快增加,冠内光照恶化,特别在行间郁闭的情况下,冠内光照恶化更甚。同时,透射到冠内的光谱成分也会发生变化,果树吸收率大的红光、蓝光减少,吸收率较低的绿光居多。因此,行距小,行间郁闭,会严重削弱光合作用。在根际环境方面,密植使营养面积变小,减少了根生长的地下空间,限制了根系的发展。当栽植行距过小时,邻株根系很快发生强烈交接,又会影响地上部分的生长和结果。

因此,在生产中既要发挥密植易早实、丰产的有利作用,又要努力降低由此带来的不利影响。采用株距小,行距大的栽植方式,则是最佳的方法。

板栗树的具体栽植密度以多少为宜,应该根据栽培目的和土壤、水利等栽培条件的不同而确定。如果以小面积试验为目的,则可根据试验要求,设置多种栽培密度。笔者于1976~1986年,为寻找在不同立地条件下合理的栽植密度,就曾进行过667平方米栽45株、55株、74株、111株、222株、296株和333株等七种不同密度的试验。实践证明:如以高效栽培为目的,则大规模建造超高密植板栗园是不可取的,而应以中、低密度栽培为主。

根据栽培条件的差异,土层深厚(1米以上)且有灌溉条件者,每667平方米可栽植45株(株行距为3米×5米),或56株(株行距为3米×4米);土层较深(0.8米左右),无水浇灌条件者,每667平方米可栽67株(株行距为2.5米×4米);土层在60厘米以上的丘陵、山坡地,每667平方米可栽111株(株行距为2米×3米)。选用以上密度,如树冠调控得当,除株行距为2米×3米密度者在15年生左右时进行一次间移外,其他密度一般可永久保留(表3-4)。

表3-4 高效栗园栽植密度参数

土地条件	密度等级	定植株数(株/667平方米)	第一次间移株数	最终保留	
				667平方米株数	株距×行距(米)
肥沃土地	中等	45(3米×5米)	—	45	3×5
				56	3×4
中庸土地	中等	67(2.5米×4米)	—	67	2.5×4
山丘瘠薄土地	次高	111(2米×3米)	55	56	4×3

目前,凡是选用短枝型板栗品种的栗园,一般都采用高密度和超高密度。山东省日照市选用"沂蒙短枝"作主栽品种的试验园与生产园,栽植密度每667平方米一般在111株至333株之间。

四、多品种混栽

板栗自花授粉结实不良。花粉主要靠风力传播,一般在20米以内,最远不超过170米。大面积栗园进行人工授粉,一般难以做到。因此,选用3~4个授粉组合好的优良品种混栽,使其相互授粉,是最佳的解决方案。现将部分高产高效栗园的品种配置实录于下(表 3-5),供栗园定植栗树时参考。

表 3-5 部分高效密植栗园品种配置实录

园地位置	主栽品种	授粉品种	667 平方米最高产量(千克)	建园时 667 平方米株数	建园年份
山东蓬莱小柱村·山坡地	红光	红栗	459(1979)	69	1971
山东费县周家庄·河滩地	粘底板	红栗、新杭迟、郯城 207	524(1980) 547(1984)	205	1976
山东费县大梓罗湾村·陡坡梯田地	金丰、青毛软刺	红光、处暑红	552(1984)	182	1977
山东费县谭家庄村·丘陵地	石丰	海丰、金丰	554(1986) 656(1996)	333	1981
山东日照陈家沟村·丘陵地	沂蒙短枝	石丰、九家种	706(1997)	333	1989
河北宽城北杨村·山地梯田	大板红	地方品种	417(2004)	56	1993

建园之前要把诸要素(定植株数、栽植方式与株行距、品种配置、永久株和临时株等)有机组合,绘制出定植(图 3-5)与嫁接的设计图。

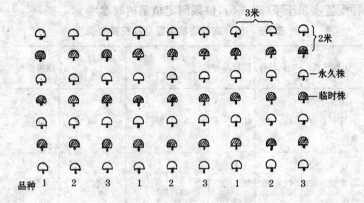

3米

2米

永久株

临时株

品种 1 2 3 1 2 3 1 2 3

图 3-5　株行距 2 米×3 米密植园定植规划示意图

五、建园模式

定植建造板栗密植园,可选用以下几种模式:

模式一:"三当"建园。即用当地 2 年生以上实生砧苗,当年定植,当年嫁接,当年形成树冠。我国板栗 667 平方米产量首次突破 500 千克大关的山东费县周家庄密植栗园,就是利用从荒山移植的 7 年生砧木,进行"三当"建园的。这种模式适用于就近有大砧木来源的地区采用。

模式二:种子直播建园。即在已深翻整好的园地里,按设计密度春季播种,每穴 2～3 粒,当年按培育实生苗的办法管理。秋季芽接或第二年春季嫁接。一般嫁接后第一年即可见果。山东省费县大梓罗湾村有 2 公顷山陡坡梯田地,采用这种建园模式,平均每 667 平方米的产量,嫁接第二年为 13.5 千克,第三年为 82 千克,第四年为 148 千克,第五年为 285 千克。这种模式适于无栗苗的地区采用。

模式三:定植实生小苗,缓苗嫁接建园。即先在苗圃育苗,第二年定植,或从异地购买实生苗定植,经过缓苗于第二年或第三年嫁接。由于嫁接时间后拖,因此投产时间也要晚1～2年。这种模式对有育苗习惯和无苗地区均适用。

模式四:利用当地原有实生板栗资源就地嫁接建园。我国许多地区,山坡上生长着大量的实生板栗树,应充分加以利用。在清除杂树、深翻、培土、修堰并补植缺株后,可就地嫁接良种树。河南省桐柏县老关山和大河镇 5 号林场山地,将 31 公顷 8 年生实生栗树,改造成集约化栗园,第二年即结果,第四年平均每 667 平方米产量为 229 千克。

模式五:定植良种嫁接苗建园。即选用自育或由异地购入的良种苗,于初冬或早春定植。这种模式具有植株整齐、品种配置合理、结果早等优点。山东省费县石井镇米坡村,用这种模式在丘陵缓坡建园 2 公顷,栽植当年就有少量单株结果。第二年,75％单株结果,株产量为 0.38 千克。第三年,全部结果,株产量为 0.77 千克。这种模式成本较高,一般只适用于既无苗木又无嫁接技术,但有一定经济实力的经营者。

模式六:复合式建园。即将第二、第三、第五种模式综合运用的建园模式。先少量引入适于本产区的良种苗,同时大面积直播或栽植实生小苗。第二年从良种苗上剪取接穗,对实生苗进行嫁接。这种模式吸收了多种模式的优点,适合于既无苗木,面积又较大,且资金较为短缺的经营者采用。

模式七:栗粮(或栗油、栗瓜菜)间种建园。即在大面积河滩平原地区,为有效改良小气候,提高土地和光能利用率,提高经济效益,解决果粮争地的矛盾,可选用以农作物为主、间种板栗的模式。一般板栗行距为 8 米,株距为 2 米,树高控制在 3 米左右,冠幅控制在 2 米左右。行间种植粮食、或油料、或瓜菜作物。山东省郯城县沂、沭河两岸多采用这种模式,效益一般比单纯种植农作物高57%以上。

六、细致定植

定植是建园的中心环节。苗木成活的因素,包括苗壮根好,保护周到,根土密接,湿度适当,根系舒展,覆膜及时。因此,必须按照规程和技术要点,认真细致地做好选择定植时期、起苗前准备、起苗、苗木包装运输、挖定植穴、树穴施肥、苗木蘸根定位、回填埋土、做树盘、浇水和盖地膜等11项工作(表3-6)。

表3-6　定植作业项目及技术操作要点

顺序号	作业项目	技术操作要点
1	定植时期	温带初冬或早春均可,严寒缺水地区春栽为宜,南方地区可以秋栽
2	起苗前准备	起苗前5~7天苗圃灌足水
3	起　苗	大开膛起苗,尽量刨全根,0.5厘米粗以上的断根、伤根要在伤处剪成马蹄形。剪除残留嫁接绑扎物和根颈处萌蘖。嫁接苗标准是:地径粗1厘米,苗高80厘米以上,主侧根长20厘米,愈合良好,无病虫和机械损伤
4	包装运输	根蘸泥浆,打捆,塑料膜包裹苗根,加品种标签,保湿、防晒、防寒
5	挖定植穴	见《深翻整地》
6	树穴施肥	每穴施已腐熟的有机肥50千克左右,加三元复合肥150克,施于30~40厘米深处,与土拌匀
7	苗木蘸根定位	如苗木有失水时,栽前将根部放入清洁水中,吸水12~24小时,入穴前用生根粉或ABT液蘸根,入穴后成行对齐定位

顺序号	作业项目	技术操作要点
8	回填埋土	将苗根系展开放入穴内,"四踏三提":即埋土、踏实,将苗木缓缓上提。如此反复三次,第四次埋土再踏,根颈要略高出地面
9	做树盘	以定植苗为圆心,筑成内径 1 平方米的圆形或方形树盘,垄高 15 厘米
10	浇 水	根据土壤墒情,以灌足为度
11	盖地膜	灌水充分下渗后,用地膜将树盘覆盖,四周用土压牢

七、建园当年的管理

(一)定 干

定植良种嫁接成品苗的栗园,于 3 月上旬留干 50～60 厘米后定干,将其余的茎干截去。达不到定干高度的苗木,可在先端截去 1～2 个芽子。当年嫁接的苗木,可于新梢长至 30 厘米左右(加砧木高度约为 55 厘米)时,摘心定干。

(二)合理间作

留出 1.5 平方米的树盘,在其余空地可间种花生或绿豆等豆科作物。严禁间种影响光照的高秆作物和需水时期与板栗生长矛盾的蔬菜。

(三)管理好当年嫁接栗树

在当年春季进行栗树嫁接的栗园,必须做好除萌蘖、架枝、解绑和摘心的管理工作。

(四)常规管理

土、肥、水管理和防治病虫害详见有关章节。

第四章 科学管理土肥水是提高效益的关键

在决定板栗能否优质高产的诸因素中,土肥水是起关键作用的因素。上肥水三者关系极为密切,改土应当施肥,施肥应注意浇水。在板栗的地下管理中,土肥水应密切协调配合,才能取得最佳效果。土肥水对栗树的关键作用,主要是通过根系复杂的生理活动来实现的。所以,要科学地进行土肥水管理,就首先要了解板栗根系的特性。

第一节 板栗根系的特性

过去,人们往往把根系看作是单纯的吸收器官。这个认识是片面的。板栗的根同其他果树的根一样,不仅仅是将植株固定在土壤上和吸收水分与养分,而且还具有合成、贮藏、分泌有机养分和控制地上部分的生长发育等多种重要功能。

栗树根系的生长活动,也与其他果树相似,即地下部分比地上部分开始生长早,停止生长晚。但栗根开始生长对温度的要求较高,如比桃树根系开始的温度高3℃。据观察,在山东费县为4月上旬前后,此期平均气温为11℃左右。栗树根系最适生长温度为26℃,停止生长的最高温度为30℃。在山东费县,7月中旬至8月中旬为成龄栗树根系生长高峰;幼苗根系的生长高峰发生在地上部分停止生长之后,大致时间为6月份和9月份两次。因此,在根的旺盛生长期,应注意肥水供应,以促进根系的生长发育。板栗的根系具有生长顽强、再生能力差和长有菌根三个特点。

一、生长顽强

栗为深根性树种,其侧根和细根也很发达。据在山东省费县五圣堂村采用大根追踪法调查,山坡梯田地的 48 年生实生栗树,水平根延伸达 24.5 米,为枝展的 4.7 倍。根的垂直分布长度有时会长于树的高度。据对谭家庄村留圃 3 年实生苗的观察,垂直根最深者达 1.75 米,超过树高长 0.35 米。在砂石山地,栗根可扎进岩石缝隙。费县大梓罗湾村花岗岩山地梯田的 9 年生密植栗园,垂直根沿岩石缝隙向下延伸达 1.64 米。

二、再生能力差

栗根破皮以后,皮层与木质部易分离。愈合与再生能力较弱,且伤根越粗,愈合越慢,发根越晚。据在山东省费县周家庄村观察,3 月 25 日移栽的 14 年生栗树的断根,到 6 月 11 日,2 毫米以下的细根均再生出新根,并已停止延伸生长,平均每条断根再生 4.1 条新根;2.1～5 毫米的断根,也都再生新根,平均每条断根再生 3.2 条新根,有些还在继续延长;5.1 毫米以上的断根,有 92% 再生新根,有 8% 已愈合并出现生长点;1 厘米以上的断根,有 42% 开始再生新根,27% 已愈合,16% 尚未愈合,15% 伤处出现坏死症状。因此,在栽植栗树时,要尽量少伤根。

三、长有菌根

栗树幼嫩根上常共生菌根。菌丝体成罗网状。菌根可以增强根系的吸收能力,扩大吸收面积,分解土壤中的养分。据观察,在有机质多、氧气充足和土温在13℃～32℃时形成较多。因此,增施有机肥,是促进栗树生长发育的有效措施。

如前所述,板栗在密植的条件下,根系环境会发生变化,交叉加快,长度减少。据观察,当株行距为2米×3米时,4年生邻株根系就发生较大程度的交叉,其单株根系和根的长度比同龄稀植树分别少38%和29%。因此,密植栗园的土肥水管理更需要加强。

第二节　土壤管理

一、认识误区和存在问题

在板栗所有的栽培措施中,土壤管理是最基本的,也是最容易被人们忽视的措施。一些果农以为,一旦栗园已经建成,土壤管理就可有可无。因此,有相当数量的栗园,虽然已经建园十几年,乃至几十年,却从未进行过规范、有效的土壤管理。如许多建园时只开挖了较小定植穴的园地,建园后却从未再深翻扩穴,因而严重制约了根系的发展。为数不多的栗园虽然进行了扩穴,但在扩穴时操作很不规范,大量伤根,只深翻、不浇水等错误操作,随处可见,从而使树势变弱。这是造成低产的重要原因。

影响植物生长的条件有光、热、水、空气、养分和机械支撑(根)等六个。除光之外,全部直接或间接与土壤关系密切。栗园土壤由于受气候条件、不合理的栽培措施及栗树生长结实带走养分物质和能量等因素的干扰或破坏,造成土壤物理、化学性状恶化和肥力下降,使土壤中水、肥、气、热、微生物状态失调,不利于根系的生长发育。栗园土壤管理的任务,就是不断改善土壤的物理、化学性状,经常协调土壤中空气、水分和养分的良好关系,使土壤达到"深、肥、暄"的目标,创造有利于栗树根系生长的环境。

二、板栗园土壤管理的主要内容和方法

栗园土壤管理除前述深翻整地外,经常采用的有效方法还有以下几种:

(一)幼树园间作法

在板栗园的幼树土壤管理中,应根据树冠大小,在树冠下方距主干1米左右的范围内留出树盘,按清耕法进行管理。在其他空地,可间种花生、甘薯或耐阴的生姜等作物,并对间作物进行所需要的管理。一般可间种三年,增加幼树栗园地的早期收益。山东省费县周家庄村在株行距2米×3米的梯田密植栗园内,间作花生,第一年留出树盘1平方米,间作面积比例为83%,每667平方米收获花生328千克。第二年留出树盘2.25平方米,间作面积比例为63%,每667平方米栗园收获花生227千克。第三年留出树盘4平方米,间作面积为34%,每667平方米栗园收获花生109千克。三年合计,每667平方米栗园共收获花生(皮果)664千克。按2005年价格计算,三年总产值为1992元,相当于332千克板栗的价值。仁厚庄村在株行距为2米×3米的河滩地密植园,间种了四年的红心甘薯,每667平方米栗园四年共收获甘薯(鲜)6600千克,按2005年价格计算,总产值为3960元,相当于660千克板栗的价值。对间作物的土肥水管理,也使栗园幼树受益,第二年即普遍结果,第三年平均每667平方米产板栗82.5千克。我国各板栗产区气候差异较大,在选择间作物品种时,应因地制宜。但不论是南方还是北方,都应选择低矮作

物,不能间作影响光照的高秆作物。

(二)清 耕 法

栗园中不种任何作物,每年在早春和秋季进行耕翻,在生长期进行多次中耕除草,使栗园保持土松、无草的状态。耕翻深度一般为15～20厘米。早春耕翻,在解冻时或春灌后进行,可保蓄土壤中的水分,耕翻后应耙细荡平。但在春季风大、少雨又无水浇条件的地区,以不耕翻为宜。秋季深翻,一般在果实采收后结合秋施基肥进行。此时正值根系秋季生长高峰期,伤根容易愈合。中耕除草的目的是消除杂草,减少水分和养分的消耗。进行的时间要根据当地的气候特点、杂草多少而定,一般在杂草出苗期效果较好。在采收之前,必须结合清理栗园进行中耕除草,以利于采收时捡拾栗实。中耕深度一般为5～10厘米。在接近栗树主干处浅些,远离主干处深一些。

清耕法有减少杂草与果树争夺养分、有利于土壤升温、保墒和通气等优点。但不利于稳定土壤结构,土壤肥力丧失较快,园土干、湿、冷、热情况变化频繁,对上层根系发育有不利影响等缺点。因此,需对清耕法进行改革。

(三)扩 穴 法

对在建园时未进行全园深翻的栗园,应每年扩大定植穴或定植沟,直至株行间的土壤全部挖通不留"隔墙"为止。将扩穴和秋施基肥结合进行,可收到一举两得的效果。在扩穴作业时,应根据定植时整地挖穴方法的不同,采用不同的扩穴方法。一种是环状扩穴法,对采用挖大穴方法定植的栗园可采用此法;另一种是条状扩穴法,对采用条带深翻定植的栗园,可采用此法。具体操作方法按图3-1所示进行。扩穴一般应在定植后四年内完成,因为随着树龄的增加,根系也在逐年扩大,而且根系的延伸速度比树冠要快,扩穴过晚势必会造成伤根增多。在扩穴实践中,经常发现一些栗园在深翻扩穴以后树势变弱,即使加强土肥水管理,也需三年左右才会完全恢复到较旺的状态。究其原因,就是因为在深翻时伤根多。因此,为使深翻扩穴收到良好的效果,在作业中就要切实掌握好五项关键技术。

1. 季节不同要注意不同的问题 山丘地栗园,春、夏、秋、冬四季都可进行。但四季气候条件、树体生长状况不同,需要注意的问题也各有侧重。春季一般气候干旱,深翻扩穴后必须灌足水;夏季如在多雨季节,要排水防涝;冬季要防止冻根。

2. 保护树根 深翻扩穴时,伤根是难以避免的,但尽量减少伤根的数量和程度是可以做到的。特别要防止伤及 1 厘米以上的粗根。对不慎损伤的粗根,要把伤口剪成平茬,以利于其加速愈合,分生新根。

3. 扩穴后要充分浇水 深翻扩穴后,要及时充分浇水,促使土与根密接,以利于伤根恢复和根系发育。这对冬、春季深翻扩穴的栗园尤其重要。据调查,冬、春季深翻扩穴后,不浇水的死根率,比未深翻扩穴的高出近 4 倍,而深翻扩穴后浇水者,死根率可降低 75%。

4. 施入的有机肥要细、匀、散 肥料要制作细碎,施于 30～50 厘米深的根群集中分布层。施后将肥土拌匀,使有机肥均匀分布于土中,以免烧灼根系。

5. 爆破松土 对建在丘陵、山地,土层浅薄,下层为坚硬岩石,无法进行深翻扩穴的栗园,可进行爆破松土。具体做法可参照第三章的叙述。所不同的是,爆破时间要安排在休眠期,炮眼应打在树冠外沿的株间,炮眼以成“品”字形排列为适宜。

(四)覆 草 法

板栗园覆草,有提高肥力、保湿、调温及改良土壤结构、提高土壤有机质和养分含量等优点。覆盖材料要因地制宜,麦秸、麦糠、树叶或铡成 5～10 厘米长的稻草、山野草、杂草、玉米秸或豆秸均可。覆草时间最好安排在雨季来临以前。覆草厚度,第一年为 15～20 厘米,每 667 平方米用草 1 500～2 000千克。以后,每年补充覆草 750 千克左右。覆草时,应离开栗树根颈 20 厘米左右,以便于降水顺枝干流入树下土壤中。开始覆草的 1～2 年内,不要把腐草翻入地下,以保护表层的树根。三年以后,可将腐草翻入地下,并坚持连年覆草。山东省费县五圣堂村栗农王某对一棵树龄为 23 年的实生大树,自2002 年起连年进行覆草,其他管理措施与覆草前相同,2003～2005 年,三年累计株产量为 171 千克,比覆草前三年累计株产量(121 千克)增加 41.3%,扣除覆草成本后,三年共增收 228 元。

可是,覆草也会使某些病虫害增多,春季地温回升缓慢,洼地雨季易产生涝害。因而春季应对树盘集中喷药,内涝园地要及时排水,冬春季干旱时,还要注意防火。

(五)地膜覆盖法

覆膜具有提高地温,保持土壤水分,抑制杂草生长等优点。在土壤瘠薄,早春干旱,又缺乏覆草材料的地方,可采用地膜覆盖法。覆盖地膜宜早,一般在浇萌芽水或在此期内降透雨后盖膜。覆膜时,将地膜紧贴地面,四周压紧;覆膜后,在膜上覆盖一层浅土。

(六)生 草 法

在果树行间种草的土壤管理方法,叫生草法。在国外,生草法早已普遍推广应用。日本的生草栗园,有全园和部分生草两种方式。土壤肥沃、夏季不干旱的园地,采用全园生草的方式;土层浅薄、易干旱的园地,为减少养分、水分的竞争,采用部分生草的方式。在草长至40～50厘米高时,将其割断并埋入地下。生草采用的品种,主要有豆太郎和多花黑麦草。

在我国,生草栽培处于起步阶段,试验多在苹果园进行。各地试验的结果均证明,生草具有减少水土流失,提高土壤有机质和速效养分含量,增加果树天敌种群和数量,增强根系活动功能,从而提高产量和质量。生草法特别适宜土壤水分条件好的栗园。

如果将上述土壤管理方法,结合具体园地的条件,因地制宜,综合应用,并持之以恒,就一定会收到丰厚的回报(表4-1)。

表 4-1　土壤管理组合模式参考表

模 式	树龄及管理内容		适用对象
	1～4 年生	4 年以后	
间作与覆草组合	种植矮秆、高效作物,将秸秆还田	每年雨季之前覆草	已全园深翻,并有覆草材料者
间作与生草组合	种植矮秆、高效作物,将秸秆还田	种植良种草,生长季节刈割埋入园地	已全园深翻,既无覆草材料又无有机肥源者
扩穴、间作、覆草组合	休眠期深翻扩穴,生长期间作矮秆高效作物,并将秸秆还田	每年雨季来临前覆草	建园时只挖条带沟或树穴,有覆草材料者
扩穴、间作、生草组合	休眠期深翻扩穴,生长期间作矮秆高效作物,并将秸秆还田	种植良种草,生长季节刈割埋入园地	建园时只挖条带沟或树穴,无覆草材料又无有机肥源者

第三节　合理施肥

一、认识误区和存在问题

　　肥料是植物的粮食。施肥是栗园综合管理中的重要环节,它在栗园的投资中占有较大的比例。在施肥中,有许多不合理甚至错误的操作方法,严重影响着肥效的发挥,甚至产生负面效应。主要表现在:①在肥料种类上,单独长期施用化学肥料,不施或很少施用有机肥。②在施用化肥时,只施用氮肥,不施或很少施用磷、钾肥。③在施肥时间和数量上,不是根据板栗生长发育的需要,分期适量施肥,而是按照农时的忙闲,在闲时一次施入,往往造成施肥的过量。④在施肥的方式上,不是因肥制宜,深度适中,而是地面撒施或埋土过浅,致使养分流失。⑤只施肥不浇水。这些问题的存在,首先是造成巨大的浪费。据土肥专家调查,我国施用氮肥的利用率仅为50%左右。另外,更重要的是对土壤结构造成破坏,使根系生长环境恶化,产生某些"多素"或"缺素"症状,进而影响板栗树的生长发育。这是造成板栗低产的又一重要原因。

二、主要营养元素对板栗的作用及缺素症的表现

(一)氮

　　氮是植物体内蛋白质、核酸等生长发育生命活动基础物质的主要组成部分,是叶绿素的组成元素,是许多酶、生物碱和维生素的组成部分。适时、适量地供应氮素,可以提高光合

效能,使幼树早成形,早结果,使盛果期树延缓衰老,增加产量,提高品质。栗树缺氮时,叶片小,叶色黄化,新梢生长量小,雌花少,果个小,隔年结果现象明显。但单纯施氮和氮素过剩,又会引起枝叶徒长,影响枝条充实和根系生长,降低果实品质和栗树的抗逆性,并妨碍对微量元素的吸收。

(二)磷

磷是构成核蛋白、磷脂核酸、高能磷化物和磷酸葡萄糖等物质的重要元素,并参与有些化合物的形成和代谢过程。磷能促进细胞分裂,增强栗树的生命力,促进花芽分化和根的生长发育及吸收能力,促进果实的发育,提高品质,增强抗性。栗树缺磷,萌芽晚,降低萌芽率,叶小而色淡,下部叶易出现褐斑。但磷素过剩,又会抑制氮和钾的吸收,使土壤中的铁不活化,叶片发黄。因此,在栗园施磷肥时,要注意与氮、钾等元素比例的协调。

(三)钾

钾以酶的活化剂形式,广泛影响植物的生长和代谢,并能提高氮素的吸收和利用,促进果树的加粗生长,组织成熟,提高抗寒、抗旱和抗病能力,促进果实膨大和成熟,提高品质和耐贮性。栗树缺钾,叶片小,叶缘变黄,并出现坏死组织,发生赤褐色枯斑,叶缘常向上卷曲,果实小,含糖量降低。但钾素过剩,会导致枝条不充实,并使氮、镁的吸收受阻。

(四)微量元素

栗树的正常生长发育,还需要微量元素,缺少任何一种都会影响生长和产量。土壤中的微量元素,按其含量来说,已足够栗树利用。但其在土壤中存在的形式,受土壤条件的影响,成为不易吸收利用的状态。因此,就出现了微量元素缺素症。南方地区降水多,土壤淋溶作用导致微量元素淋失,也会出现缺素症。酸性土壤易出现缺钼、缺硼。

1. 钼　存在于生物酶中，是硝酸还原酶的组合，能促进植物固氮和光合作用，可以消除酸性土壤中铝在树体内累积而产生的毒害，缺钼的症状类似于缺氮。

2. 硼　硼对生殖器官有促进作用。含量最高的部位是花朵，尤其是柱头和子房。板栗花粉中，含硼 21.6～36 微克/克。硼可以刺激花粉的萌发和花粉管的伸长，有利于受精。硼还能增强树体对钙的吸收和利用。在酸性土壤中硼易流失。土壤中速效硼的含量低于 0.4 毫克/千克时，即表现为缺硼症。栗树缺硼，表现为受精不良，花而不实，空苞率高。还会影响根系的发育和光合作用。但如硼用量过多，也会发生毒害，表现为叶面发皱，叶色发白。

三、板栗吸收肥料的特点

板栗树对肥料的吸收有其自身的特点。栗树从发芽即开始吸收氮素，在新梢停止生长后果实肥大期吸收最多，采收后开始下降，休眠期停止吸收。磷素在开花后至 9 月下旬吸收量稳定，10 月份以后几乎停止吸收。钾素在开花前很少吸收，开花后（6 月间）吸收量迅速增加，果实肥大期达吸收高峰，10 月份以后急剧减少。

四、施肥时期、施肥量和施肥方法

(一)施肥时期

根据板栗树对肥料需求的规律，高效板栗园一般每年施肥四次，即第一次于发芽前，施促花肥，以氮肥为主。第二次于新梢停长时，施保果接力肥，氮、磷、钾肥要配合施入。第三次于干物质增重前期，施栗实增重肥，以钾肥为主，适量施氮、磷肥。第四次于果实采摘后施基肥,以有机肥为主,适量施氮肥。

(二)施肥量

栗树栽植地的土壤养分状况,树的长势与结果、树龄、环境条件等各有不同。因此,很难确定统一的施肥量标准。但国内外一些栽培较为规范的栗园的实际施肥数量与肥种比例,是可以参考的。每生产100千克栗实的施肥量(折纯),据日本专家介绍,所需的氮、磷、钾分别为4千克、6千克和5千克,比例为1∶1.5∶1.25。山东省日照的高产栗园实际施用氮、磷、钾肥的量,分别为7.6千克、5.7千克和7.6千克,比例为1∶0.75∶1。山东省费县的高产栗园实际施用氮、磷、钾肥的量,分别为5.8千克、3.9千克和4.6千克,比例为1∶0.67∶0.79。日本每667平方米产700千克栗的高产园,年施有机肥4700千克,鸡粪400千克,化肥130千克。笔者依据高效栽培栗园的施肥经验,推荐栗农采用肥、水统筹参考模式,取得了较好的效果(表4-2)。

表4-2　肥水统筹参考模式　(667平方米产栗量为500千克)

时　间	平均气温(℃)	生长发育时期	肥水统筹		施肥量(千克)折纯					施肥要点	灌水方法
			肥	水	氮	磷	钾	土杂肥	硼		
3月下旬	9.2	萌动期	促花肥	萌动水	12				2	充分混合穴施。穴深35厘米,硼隔年施一次	沟灌法
5月中下旬	21.1	新梢停长	保果接力肥	开花水	6	8	5			充分混合穴施。穴深35厘米	沟灌或穴灌

时　间	平均气温(℃)	生长发育时期	肥水统筹 肥　水	施肥量(千克)折纯 氮 磷 钾 土杂肥 硼	施肥要点	灌水方法
7月下旬至8月上旬	27.1	干物质增重前期	栗实增重肥 / 增重水	5 6 20	充分混合穴施。穴深35厘米	沟灌
9月下旬至10月上旬	18	养分纯积累期	基　肥 / 养树水	5 3000	已全园深翻者环状沟或放射沟施。未全园深翻者结合扩穴施入	漫灌
11月下旬	4.3	休眠期	封冻水			漫灌

　　具体到一个栗园,施肥量的确定应以土壤肥力标准和土壤养分的测定结果为依据。国际公认的肥料效应规律是,作物产量受土壤中相对含量最少的养分所控制,其他养分即使丰富,也难以提高作物的产量。实践也证明,在其他条件稳定的情况下,板栗产量会随着施肥量的增加而提高,但每一单位重量肥料的增产量是递减的。据对山东省费县大梓罗湾村改劣换优大树的调查,在每年只株施 50 千克农家肥时,按树冠占地面积折算,667 平方米产量为 175 千克。当每株增施三元复合肥(氮磷钾含量各 15%)1.5 千克时,折合 667 平方米产量为 278 千克,增产 58.9%。当每株施三元复合肥 2.5 千克时,折合 667 平方米产量为 331 千克,增产 89.1%。当每株施三元复合肥 3.2 千克时,折合 667 平方米产量为 417 千克,增产 138%,达到峰值。当每株施三元复合肥增加到 4 千

克和 5 千克时,每 667 平方米产量不升反降,分别为 342 千克和 258 千克。为了避免最小养分的负效应和施肥过量,应根据生产绿色果品土壤肥力国家标准的要求(表 4-3)和本园地栗树的生长势及土壤测定结果,来确定本园的施肥数量和比例。国家农业部在全国农业系统启动了测土配方施肥服务,是帮助农民合理施肥的重要保障措施。

表 4-3　生产板栗绿色及有机食品对土壤肥力的要求

(NY/T 391—2000)

项　目	不同肥力等级		
	Ⅰ级	Ⅱ级	Ⅲ级
质　地	轻壤	砂壤、中壤	砂土、黏土
有机质(克/千克)	>20	15～20	<15
全氮(克/千克)	>1.0	0.8～1.0	<0.8
有效磷(毫克/千克)	>10	5～10	<5
有效钾(毫克/千克)	>100	50～100	<50
阳离子交换量(厘摩尔/千克)	>15	15～20	<15

(三)施肥方法

1. 根际施肥　也称土壤施肥。全园深翻后,施肥可采用穴施或放射沟施或环状沟施方式(图 4-1)。穴与沟的深度为30～50厘米。进行施肥时应注意,每年需变换施肥穴、沟的位置。

2. 根外追肥　又称叶面喷肥。根外追肥的主要目的是,补充板栗关键生育期对肥料元素的需要,提高树体的营养水平。根外追肥后 15 分钟至 2 小时,所喷施肥液即可被叶片和枝梢的气孔及表面角质层吸收,并随时间的延长而增加吸收量。由于在阴天、早晨与晚上,肥液在叶片和枝梢上保持湿润的时间,比晴天和中午时相对较长,故根外追肥应选在阴天或晴天的早(10 时前)晚(16 时以后)进行。又由于叶片背面气

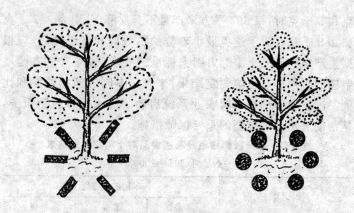

图 4-1　放射沟(左)与穴(右)施肥示意图

孔比正面密度大,故根外追肥重点应喷布叶背,以增大吸肥量;还由于幼嫩叶片和新梢的角质层与木栓层组织比老枝干薄,吸肥量大,故根外追肥在新梢生长期效果更为明显。根据板栗的生长发育需要,一般每年应根外追肥五次(表 4-4)。

表 4-4　板栗根外追肥次数参考表

时　间	生长发育期	根外追肥组合	主要作用
4 月初	芽膨大期	天达 2116 每 667 平方米 100 克,稀释 1000 倍	提高抗逆性
4 月下旬至 5 月中旬	新梢速长期	0.3%尿素+0.2%磷酸二氢钾	增加雌花量
5 月下旬至 6 月中旬	开花期	0.2%硼砂+0.2%磷酸二氢钾,每周一次,共喷 3 次	提高结实率
8 月下旬	干物质增重肥	0.3%尿素+0.4%硫酸钾	提高单粒重
9 月下旬至 10 月上旬	营养纯积累期	0.3%尿素	增加储备养分,为翌年丰收打基础

根外追肥与防治病虫害的农药混喷，可以提高工效，降低成本。具体做法是，将配制农药应加入的清水量，当作根外追肥的清水量，加入应该用的药量和肥量，充分溶解，搅拌均匀。尿素属中性，可与农药混用。磷酸二氢钾可与中性与酸性农药混用，不宜于与碱性农药（如石硫合剂）混用。在使用农药和喷布用肥时，要先细读说明书，弄清可否混用。如不明其酸碱性，可先做试验，凡混合后发生沉淀者，为不宜混用。如不发生沉淀，就表明未发生化学变化，可以混用。

五、生产板栗绿色食品和有机
食品对肥料的要求

不合理的施肥，除造成经济上的浪费外，更大的危害是污染环境，给人、畜带来潜在的灾难。肥料对环境的污染，包括对土壤的污染、对水质的污染和对大气的污染。因此，板栗的施肥必须严格按照《中华人民共和国农业行业标准（NY/T 394—2000）绿色食品·肥料使用准则》进行。

（一）禁止和限制使用的肥料

生产 AA 级板栗绿色食品和有机食品时，禁止使用化学合成肥料；禁止使用有害的城市垃圾和污泥，医院的粪便、垃圾，以及含有毒气、病原微生物与重金属的工业垃圾；禁止使用未经腐熟的动物粪尿及未经腐熟的饼肥。

生产 A 级板栗绿色食品和无公害食品时，允许有限制地使用部分化学合成肥料。但禁止使用硝态氮肥。使用化肥时，必须与有机肥配合施用，有机氮和无机氮之比以 1∶1 为宜，大约饼肥 1 000 千克加尿素 20 千克。最后一次追肥，必须在收获前 20 天。化肥也可以与微生物肥料、有机肥配合施用。一般饼肥 1 000 千克加尿素 10 千克或磷酸二铵 20 千克，加微生物肥料 60 千克。最后一次追肥,也必须在收获前 30 天进行。城市垃圾经过无害化处理,质量达到国家标准后,才能限量使用,黏性土壤每 667 平方米年施用量不得超过 3 000 千克,砂性土壤不得超过 2 000 千克。

(二)允许使用的肥料

生产板栗绿色食品和有机食品,允许使用的肥料有四类:一是农家肥,二是绿肥,三是商品有机肥,四是其他有机肥料。

1. 农家肥料 农家自行积制的各种肥料。主要种类及养分含量见表 4-5。

表 4-5 生产板栗绿色与有机食品允许使用
的农家肥料及养分含量

种 类		制作与使用要点	主要养分含量(%)			
			有机物	氮	磷	钾
堆肥(风干)		以各类秸秆、落叶、杂草,人、畜粪便为原料,与少量泥土混合堆积发酵而成,宜作基肥施用		1.13	0.48	1.54
沤 肥		所用材料与堆肥同,只是在水淹条件下发酵而成,宜作基肥施用		0.21	0.15	0.31
厩 肥		猪牛等畜禽肥与秸秆等垫料堆制发酵而成,宜作基肥施用	14.5	0.4	0.18	0.5
人粪尿	人 粪	腐熟后施用,可作基肥或追肥	20	1.04	0.36	0.34
	人 尿	腐熟后施用,可作基肥或追肥	3	0.5	0.13	0.19
	人粪尿	腐熟后施用,可作基肥或追肥	7.5	0.65	0.3	0.25
猪粪尿	粪	腐熟后施用,可作基肥或种肥	15	0.60	0.45	0.50
	尿	腐熟后施用,可作基肥或种肥	2.8	0.30	0.12	0.95
	粪 尿	腐熟后施用,可作基肥或种肥		0.50	0.35	0.40

种 类		制作与使用要点	主要养分含量(%)			
			有机物	氮	磷	钾
牛粪尿	粪	腐熟后施用,可作基肥	14.5	0.30	0.25	0.10
	尿	腐熟后施用,可作基肥	3.5	0.50	0.03	0.65
	粪 尿	腐熟后施用,可作基肥		0.40	0.13	0.60
马粪尿	粪	马粪内含有纤维分解菌,宜作		0.50	0.35	0.30
	尿	堆肥材料,可加速腐烂,用作温		1.20	0.10	1.50
	粪 尿	床最好		0.70	0.50	0.55
羊粪尿	粪	圈内积存,不宜露晒,随出随		0.95	0.35	1.00
	尿	盖,可与猪、牛粪混合堆沤		1.40	0.03	2.10
	粪 尿			0.95	0.35	1.00
鸡 粪		腐熟后施用,宜作基肥		1.63	1.54	0.85
鸭 粪		腐熟后施用,宜作基肥		1.10	1.40	0.62
鹅 粪		腐熟后施用,宜作基肥		0.55	0.50	0.95
蚕 粪		腐熟后施用,宜作基肥		2.9	0.63	2.9
塘 泥		多用作基肥,亦可作堆肥材料		0.20	0.16	1.0
沟 泥		多用作基肥,亦可作堆肥材料		0.44	0.49	0.56
河 泥		多用作基肥,亦可作堆肥材料		0.27	0.59	0.91
饼肥	芝麻饼			5.8	3.00	1.30
	米糠饼			2.33	3.01	1.76
	乌桕饼			5.16	1.89	1.19
	苍籽饼	混制腐熟后作基肥,其中,芝		4.47	2.50	1.74
	菜籽饼	麻饼、米糠饼、菜籽饼、花生饼、		4.60	2.48	1.40
	桐籽饼	大豆饼和棉籽饼应先作饲料		4.78	2.44	0.58
	花生饼			6.32	1.17	1.34
	棉籽饼			6.05	2.20	1.63
	大豆饼			7.00	1.32	2.13

种 类		制作与使用要点	主要养分含量(%)			
			有机物	氮	磷	钾
沼气肥		在密封的沼气池中,有机物腐解产生沼气后的沼气液和残渣,液宜作追肥,残渣可作基肥		0.36	0.14	0.50
草木灰肥	草木灰	草木灰应单独存放和施用,如将草木灰与粪尿混合贮存会增加氮素损失			2.10	4.99
	稻草灰				0.59	8.09
	松木灰				3.41	12.44
	芦苇灰				0.24	1.75
	谷糠灰				0.16	1.82
	棉秆灰					2.19
	棉壳灰				1.20	5.80
	杉木灰				3.10	10.95
	灌木灰				3.14	5.92
	灶 灰				1.08	3.12
作物秸秆		粉碎直接还田,覆土要严密,以利腐解;病虫害严重的秸秆,不宜直接还田,应高温堆肥后再施用				

以上所有农家肥料,营养全面,含量丰富,对土壤改良和栗实产量质量的提高,具有重要的作用,是生产板栗绿色食品和有机食品的重要肥料。这些肥料,原则上是就地生产,就地使用。对于外购的农家肥料,应先确认其污染物的含量,然后再决定对它是否购买和使用。如果它的污染物含量不超过国家规定的最高限量(表 4-6),就能使用。否则,就不能使用。

表 4-6　有机肥料污染物质允许含量

项　目	浓度限值(毫克/千克)
砷	≤30
汞	≤5
镉	≤3
铬	≤70
铅	≤60
铜	≤400
六六六	≤0.2
滴滴涕	≤0.2

2. 绿肥　耕翻入土当作肥料的植物绿色部分称为绿肥。绿肥分为栽培绿肥和野生绿肥。绿肥的 667 平方米产量一般在 1 500～2 000 千克。绿肥的营养含量丰富,有机质含量平均为 15% 左右,氮磷钾含量如表 4-7 所示。

表 4-7　部分绿肥作物营养成分含量

绿肥名称	鲜草养分含量(%)		
	氮	磷	钾
紫穗槐	1.32	0.36	0.79
草木樨	0.48	0.13	0.44
田　菁	0.52	0.07	0.15
紫花苜蓿	0.54	0.14	0.40
柽　麻	0.78	0.15	0.30
毛叶苕子	0.56	0.13	0.24
沙打旺	0.47	0.04	0.42
紫云英	0.33	0.08	0.23

绿肥名称	鲜草养分含量(%)		
	氮	磷	钾
红三叶	0.36	0.06	0.24
油　菜	0.46	0.12	0.35
绿　豆	0.60	0.12	0.58
绿　萍	0.24	0.02	0.12
红花草子	0.48	0.12	0.50
兰花草子	0.44	0.15	0.31
蚕　豆	0.58	0.15	0.49
荞　麦	0.39	0.08	0.33
豌　豆	0.51	0.15	0.52
山　青	0.41	0.08	0.16

3. 商品肥料

(1)商品有机肥　以大量生物物质,动、植物残体、排泄物和生物废物等物质为原料,加工制成并已通过国家有关部门登记认证及生产许可的商品有机肥料。

(2)腐殖酸类肥料　是指泥炭(草炭)、褐煤和风化煤等含有腐殖酸类物质的肥料。

(3)微生物肥料　是指用特定的生物菌种培养生产的具有活性的微生物制剂。它无毒,无害,不污染环境,通过特定微生物的生命活动,改良植物的营养或产生植物生长激素。根据微生物肥料对所改善供应状况的植物所需元素的不同,可分为五个类型:一类是根瘤菌肥。能在豆科植物上形成根瘤,可同化空气中的氮肥,有花生、大豆、绿豆根瘤菌剂。二类是固氮菌肥。能在土壤中和很多作物根际固定空气中的氮气,为作物提供氮素营养,又能分泌激素刺激作物生长,有自生固氮菌、联合固氮菌剂等。三类是磷细菌肥。能把土壤中难溶解磷转化为作物可以利用的有效磷,有磷细菌、解磷真菌和菌根菌剂等。四类是硅酸盐细菌肥料。能对土壤中云母、长石等含钾的铝硅酸盐及磷灰石进行分解,释放出钾、磷与其他灰分元素,改良作物的营养条件,有硅酸盐细菌、解钾微生物制剂等。第五类是复合微生物肥料。含有两种以上有益的微生物,它们之间互不拮抗,并能提高作物一种或几种营养元素的供应水平,并含有生理活动物质的制剂。

(4)半有机肥料(有机复合肥) 有机与无机物质混合或化合制成的肥料。主要包括两个类型:一类是用经无害化处理的畜禽粪便,加入适量的锌、锰、硼、钼等微量元素,所制成的肥料。二类是以发酵工业废液干燥物质为原料,配合种植蘑菇或养禽用的废弃混合物,所制成的肥料。

(5)无机(矿质)肥料 这是用矿物质经物理或化学工业方式制成,养分呈无机盐形式的肥料。主要有五个类型。一类是矿物钾肥,如硫酸钾;二类是矿物磷肥,如磷矿粉;三类是煅烧磷酸盐,如钙镁磷肥、脱氟磷肥;四类是石灰石,只限在酸性土壤中使用;五类是粉状硫肥,只限在碱性土壤中使用。

(6)叶面肥料 喷施于植物叶片上并能被吸收利用的肥料。叶面肥中不得含有化学合成的生长调节剂。叶面肥主要有两个类型:一类是微量元素肥料,以含铜、铁、锰、锌、钼和硼等微量元素及有益元素的物质为主要原料,所配制的肥料。在叶面喷肥时,最后一次喷肥必须在收获前 20 天进行。二类是植物生长辅助物质肥料。用天然有机物提取液或接种有益菌类的发酵液,再配加一些腐殖酸、藻酸、氨基酸、维生素和糖等物质所配制的肥料。

(7)**其他肥料**　包括用不含合成添加剂的残剩食品、纺织工业的有机副产品和不含防腐剂的鱼渣、牛羊毛废料、骨粉、氨基酸残渣、骨胶残渣、家畜加工废料与糖厂废料等有机物质所制成的肥料。

第四节　节水灌溉

一、认识误区和存在问题

　　水是板栗等果树生理活动的介质、光合作用的原料、运送养分的载体和调节树体温度的良物；是生命存在的条件，也是高产优质的关键。我国的板栗树，绝大多数都栽种于山坡和丘陵，普遍存在着干旱缺水的威胁。目前主要依靠自然降水，来供给栗树生长所需的水分，人工灌溉面积所占比例不足二成。在对待水这个取得高效的关键因素上，存在的主要问题是：①具备人工灌溉条件的栗园，灌水不科学，不能完全根据板栗生长发育的需要，及时、适量地灌水，而是较多地盲目进行大水漫灌。②在依靠自然降水的栗园，多数缺乏在丰水季节进行简易集水、待缺水季节用来"救命"的观念与措施。③在自然降水丰富的地区，如南方诸省，集中降雨季节很少注意排涝。园地水利管理的缺位，也是造成板栗低产的重要原因之一。

二、板栗的需水特点

　　板栗是需水果树，同时又需要排水良好、通气性好的环境。板栗产区"涝收栗子旱收枣"和"埋根栗子露根梨"的农谚,就是果农长期栽培经验的总结。板栗树的生长与结实,果实的发育与品质优劣,与土壤含水量(对土重的%)的关系是非常密切的。当土壤含水量在 9%左右时,栗树叶片出现凋萎;当土壤含水量在 10%左右时,地上部分停止生产;当土壤含水量在 17%～35%时,栗树处于生长良好状态。在板栗树的年周期生长发育过程中,4～5 月份缺水会影响新梢的生长、雌花的发育和雌花的质量;6 月份干旱高温会加重栗红蜘蛛的危害;7～8 月份是北方雨季,但如汛期推迟,旱过"大暑"(落雄花后 1 个月)仍未降透地大雨,则会造成严重减产;栗实成熟前 15～20 天(约在 8 月中旬以后),如无充足的水分供应,栗实单粒重会明显降低。因此,在生长关键期内,如土壤含水量低于 10%时,就应千方百计补充水分,使土壤含水量保持在最佳状态。即使在降水丰富的东南诸省,由于降水量分布不均,春旱、伏旱也时常发生,造成周年性和阶段性降水不足,因此也需要进行灌溉补水。经常发生阶段性降水大而集中的长江中下游和南方产区,易造成积涝。当土壤中缺乏空气时,便迫使根系进行无氧呼吸,积累酒精使蛋白质凝固,引起根衰以至死亡。此时应当及时排水。排水的主要方法,可采用明沟排水,或在地下安装管道,实施暗管排水。

是否需要灌水,应以土壤含水量的测定为依据。除使用仪器测定外,也可用手测法和目测法,判断土壤的大致含水量。板栗园多为砂壤土。若用手握紧土团,再挤压时,土团不易碎裂,说明土壤湿度大约在合理的范围内,一般不必灌水。如手松开后不能形成土团,就说明土壤湿度太低,需要灌水了。

三、节水灌溉技术

解决缺水难题,不外是开源和节流两个方面,也就是在充分利用自然资源的基础上,以节水灌溉为主要内容,包括水分保蓄、节水的耕作方法和栽培方法,以及节水新材料、新技术的应用等综合措施,提高缺水园地有限水资源的利用率。对深翻、覆盖和间作等蓄水保水的方法,有关章节已有阐述,此处不再重复。现对简易蓄水和灌溉的部分方法介绍如下:

(一)山地小型蓄水池

1. 蓄水池选址 蓄水池要选在有一定的集水面积,能产生一定的地表径流,施工作业方便,距栗园较近的地方,或设在栗园中。

2. 池数的测算 根据板栗园对灌水的需要,若每公顷(10 000 平方米)栽树 840 棵,以每年喷药 2～3 次、追肥 3 次、叶面喷肥 3～4 次和关键季节灌水两次计算,共需水 100 立方米左右。如要建 1.5 立方米的蓄水池,则需建 70 个。

3. 蓄水池的建造 建造蓄水池,以立式池较适宜。因为这种水池既便于施工,且容易保水。建造时,首先在选定的建池点,开挖深 1.5～2 米和直径为 1～1.2 米、上口直径为 0.8～1 米的圆筒井,将池壁及底部铲平。然后按 1:3 的比例,将水泥与细沙用水拌匀,均匀地涂抹池壁和底部,池壁抹面厚度为 2 厘米,池底抹面厚度为 5 厘米。为保证抹面的严密度,作业应分两次完成。每次抹后要用抹刀压 3～4 小时。接着,用水泥浆细刷两遍。最后砌池口,挖缓冲池。在地表径流来水的方向,齐地面起砌一个宽 20 厘米、逐渐向内收缩 10 厘米、墙面高出地面 20 厘米的喇叭形进水口。在距进水口 50 厘米处,挖一个长、宽各 50 厘米,深 60 厘米的缓冲池,将四周铲平或用水泥抹平,在底部放上碎石块。缓冲池的上口要与蓄水池的进水口持平。池盖为水泥盖。

4. 维护 雨季来临前,对蓄水池逐个进行检修,发现破损，及时用水泥修补好，并清理缓冲池及进水口的淤泥、杂草和乱石，疏通地表径流通路。蓄水后，要及时加盖，封堵进水口，并在周围埋土 40 厘米厚，以减少水分蒸发。在雨季蓄水不满或用水之后，或非雨季偶降大雨时，要打开进水口，以补充蓄水。

据张梦周等报道，这种蓄水池具有不受地形和土质限制、一次建造、多年使用、简便实用、造价低和用工少等优点。一般建一个池只需材料费 50~70 元，用工 7~10 个，适合目前我国大部分山区的经营方式和经济承受能力。

(二)喷　灌

利用机械设备把灌溉水喷到空中，像降水一样再落到地面。这种方法具有基本不产生渗漏、节约用水、可保持土壤的疏松状态不被破坏、调节小气候、机动性强、节省劳力和工效高等优点。已被愈来愈多的生产者所采用。

(三)滴　灌

这是以水滴或细小水流，缓慢地施于果树根域的灌水方法。其组成主要包括水泵、过滤器、输水管(主、干、支管)、灌水管(毛管)和滴水器(滴头)。主要优点是：可比喷灌省水一半左右，省工方便，适用于各种地貌(山地、丘陵、平原)，对提高栗实产量和品质，效果非常显著。它是果园灌溉的发展趋势。

(四)穴贮肥水加地膜覆盖

其操作方法是：密植栗园于 3 月中旬(萌动前)，在树冠下距树干 0.7 米处的四个方向，各挖一个深 40 厘米、直径为 20 厘米的穴，把长 30 厘米、粗 15 厘米用作物秸秆或草做成的草把，用水泡透(用尿稀释液更好)后放入穴内，再用土填满周围空隙，最后用地膜将树行覆盖，地膜周围用土压牢。穴上方开一小孔,不浇水时用土把小孔盖严,浇水时扒开。3～4月份,每10～15天浇水一次。5～6月份,7天左右浇水一次,每穴每次浇水5～8升。在萌动期和春梢停长时,浇水时可结合进行追肥。即先把肥料放入孔内再浇水。在汛期,将地膜清除干净,防止其污染土壤。

分散栽植的改劣换优大树及实生大树,在树冠下每1.5平方米挖穴一个。盖膜面积与树冠大小基本一致。操作方法和浇水、施肥时间与密植栗园相同。

实践证明:对山丘旱地板栗树采用穴贮肥水加地膜覆盖的浇水方式后,土壤含水率可提高1.4个百分点,根的条数和同体积的鲜根重分别高83%和102%,产量增加61.4%。虽然用工量有所增加,但三年累计,平均每667平方米纯收入比对照高55.4%。改劣换优大树与实生大树,三年累计,其平均株产也比对照高48.7%。

(五)虹吸滴灌袋灌溉技术

虹吸滴灌袋,由贮水袋(软塑料膜制成,可贮水10～20升)、虹吸管、浮子(防泥沙堵塞及调节滴速)和滤网罩(防止悬浮物堵塞)组成。

使用方法:一般每树一袋,小树两树一袋。将贮水袋灌满水,放于地表,将虹吸管插入,浮子漂于水面,出水口埋于地下10厘米处,启动滴灌。这种灌溉技术适用于不同地形,可根据需要移动,并根据生长需要调节水速。水无挥发,一袋水可滴灌15～30天。

(六)竹筒贮肥水法

据李德伟报道,在湖南省竹产区多采用此法。其做法是:锯一段长50厘米、直径为5～8厘米的竹筒,把竹节打通。栽栗树时,在离树20厘米将其同时栽入,入土深度为40厘米,高出土面 10 厘米。竹筒上盖一层薄膜,用胶圈套紧。干旱时,通过竹筒灌水,使水缓缓渗入栗树根群密集区。追肥也可通过竹筒进行。经数年栗树长大后,在树的另一侧加埋竹筒一个,用两个竹筒渗输肥水。再过数年,还可在另外两侧增加第三、第四个竹筒,以满足栗树对肥水的需求。这种竹筒贮肥水的方法,与地表灌水追肥相比,水的利用率可达 95% 左右,节省化肥 30% 以上。从而使栗树生长快,结果早,丰产稳产。

(七)贮水袋简易滴灌技术

贮水袋,采用厚度 0.09～0.1 毫米的增强薄膜袋,袋径为 50 厘米,长度视装水量而定。一般每袋贮水 200～250 升。水袋安装于距树干 1 米左右处。袋口接两根水管,一根直径为 5～6 厘米,用作补水管兼进气管;另一根直径为 0.5～0.6 厘米,作滴水管。滴水端管口处固定在地面下 20 厘米处,管口放些卵石或石子,以利于渗水并防止管口阻塞。滴灌器具装好后,覆地膜、盖草,然后向袋内注入洁净的水(根据需要也可溶进各种肥料),装水量占水袋容积的 80%。将进气管朝上地系在树干上,以利于进气。滴水管上可装一个控制阀,在需要灌时打开阀滴灌。

(八)皿灌器灌溉技术

1. 皿灌器的制作方法　以红黏土为主料,配以适量的黑土和部分耐高温的特异土,晒干拌匀,粉碎,加水渗透,反复碾压、制坯与晾坯,煅烧成皿灌器。皿灌器的口径为 20 厘米,胴径为 35 厘米,底径为 20 厘米,可容水 20 升。器壁分为三层,共厚 0.8～1.0 厘米,内层和外层均为极细小黏粒构成的较平滑的过滤层,中层为大小平均的若干通孔组成的渗孔层。

2. 灌溉效果　在气温 22℃、土壤含水量为 11% 的条件下,皿灌器灌水 15 升,一般经 7 天可向外渗完。渗水半径为

100 厘米。皿灌器埋设的水平距离为 200 厘米。此项技术由山东青州市赵锦忠研制(专利号 92106627·9)。

(九)国外推出的一些果园灌溉新技术

1. 土壤网灌溉　由一个埋在果树根部的含半导体材料的玻璃纤维网为负极,一个埋在深层土壤中的由石墨、铁、硅制成的板为正极。当果树需水时,只要给该网通入电流,土壤深层的水便在电流的作用下,由正极流向负极,从而被果树吸收利用。此技术在奥地利发明。

2. 负压差灌溉　将多孔的管道埋入地下,依靠管中水与周围土壤产生的负压差,进行自动灌溉。整个系统能根据管四周土壤的干湿程度,自动调节水量,使土壤湿度保持在果树生长最适宜的状态。此技术由日本发明。

3. 地面浸润灌溉　灌溉时,土壤借助毛细管的吸力,自动从设置的含水系统散发器中吸水。当含水量达到饱和度时,含水系统散发器自动停止供水。由于系统含水散发器的流量仅为 0.01 克/秒,盐分无法以溶液状态存在,使土壤的浸润区变为脱盐的淡水。因此,采用这一系统可以用含盐水灌溉而不会破坏土壤。此项技术由日本发明。

4. 坡地灌水管灌溉　管长 150～200 米,管径为 145 毫米,各节管子之间用变径法连接,保证各段孔口出流均匀,使水从管孔流入坡地的灌水沟中。此项技术由俄罗斯发明。

四、生产板栗绿色食品和有机食品
对灌溉水质的要求

水质污染主要来自城市和工矿区的废水,以及不合理的施肥与喷药。工业废水,主要是含酸类化合物和氰化物及化肥厂、农药厂、化工厂和造纸厂等工厂排出的含有砷、汞、铬、镉等废水。水污染后,对栗树的直接影响是降低产量和品质,同时也污染土壤,使栗树的生长发育受阻,果实中有毒物质积累,以致不能食用。因此,栗园灌溉用水的质量,必须符合《中华人民共和国农业行业标准 NY/T 391—2000 绿色食品·产地环境条件》中的要求(表 4-8)。

表 4-8 板栗绿色及有机食品对灌溉水质的要求

污染物	水 pH 值为 5.8~8.5 时的含量要求(mg/L)
水中总汞	≤ 0.001
总 镉	≤ 0.005
总 砷	≤ 0.05
总 铅	≤ 0.1
六价铬	≤ 0.1
氟化物	≤ 0.2

第五章 细致搞好花果管理是提高效益的重要环节

成花和结果,都属于生殖生长的范畴。花芽形成是结果的前提,结果是成花后的正常归宿和应实现的目标。花要变为果,还需抓好减少养分无效消耗、调节养分分配、补充营养、授粉和防止空苞等具体措施的落实。坐果后,还要采用增加单粒重量和提高质量的各项措施。所有这些都要依靠在加强以土肥水管理为基础的综合管理的同时,细致做好以夏季修剪为主要内容的花果管理来实现。

第一节 板栗的花芽分化、开花及栗实生长发育特点

一、花芽分化的特点

栗是雌雄同芽异花。但雌雄花的分化期和分化持续日数,相差很远,分化速度也不一样。

板栗的雄花序为细穗状,幼嫩时直立,盛开后平展至下垂,为荑黄花序。它自上年 6 月份起在芽内形成幼体,到次年 6 月份盛开,时间足足一年。但它的速长期仅为 4 月下旬至 5 月下旬的 1 个月。雄花序盛开的标志是花丝伸直。

板栗的雌花簇生于两性花序(或称雌花序、混合花序)的基部,每个两性花序一般生 1～2 个雌花簇,也有生三个以上的。两性花序的分化分为两种情况:一种是典型的结果母

枝,其两性花序必须经过跨年度的发育,于头年"奠基",年后春季芽萌动后期至展叶发生并发育。另一种情况是初夏摘心、剪截后,发出的二次梢形成的两性花序,或结果母枝在早春修剪时留基部芽重短截后抽生的结果枝上的两性花序,这类果枝的芽发育不经跨年度的"奠基"阶段,随着茎尖的延伸,随生长随分化出叶、芽、少量雄花序和两性花序。

二、开花和传粉的特点

栗为雌雄异花同棵果树,雄花较雌花为多,栗树自花授粉结实不良。

栗树实生苗达到开花结果,一般要 5~8 年,但在苗圃中也不乏 2~3 年就开花结果的苗木,极个别单株当年就能开花结果。1979 年,在山东省费县周家庄村苗圃地即发现了这样的单株。但经过 10 年的观察,发现它的产量居一般水平。说明早结果不一定就丰产。

栗树的盛花期,在河北及山东产区大部分为 6 月上中旬,时值高温、干旱天气。而南方产区,花期又正处"梅季",阴雨连绵。花期的延续时间依品种而有长短的不同。一般 6 月初雄花陆续开放,6 月下旬田间雄花序落完。雄花开放的标志为花丝伸直,整个花序呈鲜黄色。在同一花枝上,自下而上地依次开放;在同一花序中,自中后部向两端开放;就一条花序而言,散粉最佳的时间为 3~5 天。雄花无柄,单被,每 5~7 朵为一簇。雄花序的长度及花簇的多少,与品种和栽培水平关系密切。据对山坡旱地栗园的调查,每条花序平均为 80簇,480 朵花左右。

栗为风媒花果树。栗花味浓郁,散发出特殊的气味。雄花数是雌花数的两千多倍,花粉量大,花粉粒小而轻,能成团飞散。单粒花粉在强风时可飞至 150 米远,但通常花粉散布不超过 20 米。栗花粉容易结块,极大地影响其飞散;同时,栗花中有不完全花粉 5%～15%。因此,在栽植时,应重视配置授粉树。

　　雌花与雄花的开放时间不同,即存在着雌、雄异熟现象。一般是雄花序开放 8～10 天后雌花开放。雌花的柱头膨大,从总苞露出就是开花。柱头出现后就有受精能力。授粉期是柱头突出后 7～26 天,最适期为 9～13 天。雌花盛花的标志是柱头出齐并反卷 30°～45°角。此为最适宜的授粉期。每个总苞内一般有三朵雌花。同一花簇中,边花较中心花晚开 7～10 天。因此,多次授粉才能提高坐果率(图 5-1)。

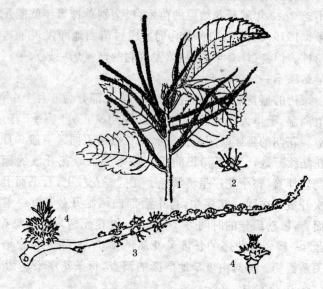

图 5-1　板栗的花示意图

1. 雄花枝　2. 雄花开放　3. 两性花序　4. 雌花簇

三、栗实生长发育的特点

栗雌花包含在总苞中的三个子房，于受精后发育成苞皮与果实。果仁是无胚乳种子。食用部分是肥厚的子叶，含有大量的淀粉。栗果的果皮下部位紧接着苞皮，称为座。由树叶制造的养分和自根部吸收的营养与水分，都通过主干、枝、苞梗与座部的维管束供给果仁。因此，栗果的座担负着重要的作用。

板栗的授粉期在 6 月上旬至下旬，历时 20 天左右。受精期在 6 月下旬至 7 月初。花粉（雄配子体）要在胚珠中停留 15～20 天，待雌配子体发育成熟后才能完成受精。受精后形成合子和初生胚乳核。幼胚出现于 7 月上旬，有绿豆粒大小，薄而透明。7 月底以后，子叶才开始明显增重，至 8 月中旬胚发育完全，胚乳吸收完毕。在山东鲁东南地区，就一般品种而言，板栗的幼果期以 8 月中旬为界。

栗实中的干物质的积累，主要在最后一个月，尤其是采收前两周增重最速。据观察，石丰品种在采收前一个月，果实所增重量占果实总重量的 74.7％。其中，采收前 10 天果实的增重量占果实总重量的 50.7％，平均每天增重 0.48 克。故充分成熟再采收，对提高板栗的产量和质量，都是十分重要的（图 5-2）。

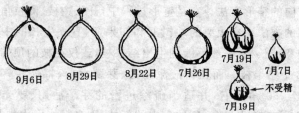

9月6日　8月29日　8月22日　7月26日　7月19日　7月7日

不受精

7月19日

图 5-2　石丰栗实发育过程示意图

第二节　板栗雌花促成技术

一、认识误区和存在问题

雌花量的多少,是决定丰产高效的前提和基础。有些栗农对板栗雌花的形成时间和成因的认识存有误区。一是认为板栗雌花也像苹果等果树的花芽一样,是在上一年度早已形成定数的。因此,当年春季很少采用促花技术。二是对上一年度的贮备营养水平,是决定第二年春季开花坐果多少的重要基础认识模糊,在采果之后放松后期管理,降低了贮备营养的水平。

如前所述,板栗雌花形成的关键时期为当年 4 月上中旬,而且只要具备了形成的条件,可以随着芽轴的伸长而分化出两性花序。因此,在采果后,加强肥水管理,增加贮备营养水平,翌年春季开源节流,增加营养,提高光合效率,减少养分消耗,就可以促成更多的雌花。

二、拉　枝

拉枝,是用牵引物将主枝、侧枝及辅养枝拉至预定的角度和方向的整形方法。它是整形过程中,开张主枝、侧枝角度时常用的方法。在板栗的幼树期和初果期,直立生长的中强发育枝和徒长枝,一般不能抽生出结果枝,或仅在枝的顶端抽生1~2 个结果枝。而在树液流动后、芽膨大前,将这些直立旺枝拉至 80°角左右,并适当疏除过密的芽子后,只要光照充足,树体营养水平高,所抽生出的新枝,许多都能形成雌花,成为结果枝(图 5-3)。

三、疏　芽

疏芽,可以集中养分,有利于形成雌花,抽生结果枝,减少两性花序的败育和调节枝向及枝条分布。在幼树和回缩更新及改劣换优树上,均可应用。其方法是:当芽子发绿似花生米大小时,根据着生枝条的强弱,于上部外侧选留 4~5 个饱满芽,中下部选留 2~3 个饱满芽,将其余的芽全部抹掉。疏芽时,要综合运用好"去小留大、去下留上、去里留外、疏密留空"的十六字原则。据调查,疏芽树平均每条结果母枝抽生的结果枝,比对照树增加 0.6 条;每条结果枝的平均混合花序,比对照树增加 18.1%;每个混合花序上的雌花簇,比对照树增加 8.6%。两性花序的败育率,疏芽者比对照降低 3.2%。

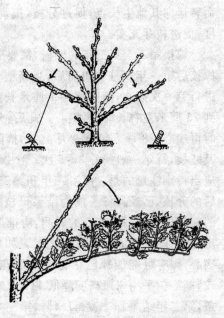

图 5-3　拉枝方法及效果示意图

上:幼树拉枝

下:直立强发育枝拉枝后结果状

四、幼树摘心

摘心,可以提高植株各器官的生理活性,增加营养积累,改变营养物质的运转方向,抑制树体养分大量流入新梢顶端,而转运向其他生长点,促进分枝,提高分枝级数,控制树冠高度,促进枝芽充实。

嫁接第一至第三年的栗树,都要适时摘心。具体方法是:嫁接后第一年5月中旬前后,当新梢长到30厘米左右长时,进行第一次摘心,摘去顶端1厘米长的嫩梢。新生分枝再长到25厘米左右长时,再摘心。此后,分枝再长至20厘米左右时再摘心。8月下旬至9月上旬,摘除新生的秋梢。对旺树及旺枝,每年一般摘心3～5次;对中庸树一般摘心2～3次。应当特别注意的是:在第二年和第三年,有许多上年度摘心后的分枝,已经具备了成为结果母枝的条件。对这类枝发出的新枝进行第一次摘心的时间,应推迟至雄花序出完,并已生出腋芽,确认不能生出雌花之时。如在雄花尚未出完就过早摘心,则有可能摘掉已孕育成的雌花。据调查,与对照树比较,摘心树平均树冠高度降低115厘米,单株分枝数量多4.3条,第二年结果株率高41.4%,第三年平均单株产量高3.5倍(图5-4)。

五、疏除雄花序

板栗的雄花量很大。据对成龄树的调查,雌花和雄花的比例约为1:2 400。雄花生长要消耗大量的水分和养分。据河北省科学院生物研究所测定,每个雄花序需消耗水约45克,消耗干物质0.2 323克,一棵冠径为4米、树冠投影面积为12.6平方米的栗树,雄花所消耗掉的水约130千克,干物质约为673克。

疏雄的时间,一般在5月上旬两性花序已经出现之时。疏雄时,对结果枝上的雄花序,在两性花序下留1～2条,而将其余的疏掉。在保留雄花序时,应掌握树冠上部留两条,树冠

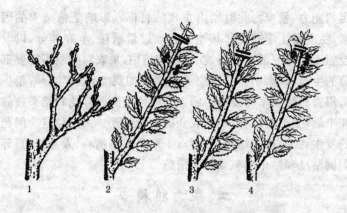

图 5-4　摘心示意图

1. 强发育枝经 3 次摘心分枝状　2. 果前梢留三芽摘心
3. 雄花枝摘心　4. 果前梢全部摘除

下部留一条。两性花序上的雄花段要保留。单纯雄花枝上的花序,要全部疏除。这样保留下来的雄花,约有 1 200 朵,去除 15％ 的无效花,雌花与雄花的比例还约为 1 ∶ 300,已足够授粉之用。据试验,疏雄后与对照树比较,每一结果枝上平均着生的两性花序多 5.8％,每条两性花序上平均着生雌花簇多 9.5％,两性花序的败育率平均少 27.2％,每 667 平方米产量平均高 26.6％。山坡、丘陵旱地栗树疏雄后增产 43.5％,密植丰产园增产 19.4％。

第三节　提高板栗结实率技术

一、认识误区和存在问题

在促成雌花的基础上,如何减少雌花的败育,提高受精结实的能力,就成为此时期内主攻的目标。影响受精结实的因素,主要是土壤缺硼和其他生长点过量消耗、争夺养分,以及授粉不良等方面。然而,在实际栽培中,果农对抑制不需要部分的生长,以集中养分供应结实需要的观念,非常淡薄,很少采用提高结实率的技术措施。致使许多栗园开花时结果枝雌花丰满,坐果时败育一半,收获时空苞连连。为避免这个问题的发生,提高板栗结实率,可以采取果前梢摘心、人工授粉、环剥倒贴皮和防止空苞等技术措施。

二、果前梢摘心

当两性花序出完并长至 1 厘米左右长时,花序后又长出一段新梢,称为果前梢(北京、河北等地称尾枝)。由于此时幼叶尚不能制造或很少制造营养物质,因而需要其他已成熟的叶片供给营养。这样,果前梢的过量生长,就势必与总苞的发育争夺营养。在果前梢的 3～5 个嫩叶处摘心后,可以集中营养,促进嫩叶提早 7 天左右成为能制造营养物质的功能叶,从而促进雌花簇增多和总苞的生长发育。

据试验,对果前梢留 3～5 叶摘心的栗树,与对照树比较,每条结果枝平均结实栗苞增加 10.1%,空苞率降低 4.65%,平均株产量增加 11.1%。

笔者在实践中,还进行了板栗树果前梢全部摘除的试验观察。其结果是,第一年每一果枝的平均着总苞数,虽多于留 3～5 片叶后摘心者,但平均单果重少 1.5 克,而且翌年产量锐减,隔年结果现象严重,三年累计产量降低 40%。事实表明,除作为调节母枝量的一种手段,对计划在冬剪中从基部重短截的结果枝,可以将果前梢全部摘除外,对其余板栗树则不宜采用这种将果前梢全部摘除的做法。

三、人工辅助授粉

在多个优良品种混栽的栗园,一般是不需人工辅助授粉的。但是,若花期内遇有不良天气,比如连续降雨或强干热风,特别是我国南方,板栗花期正值梅雨季节,花粉难以靠风力、昆虫传播,就需要进行人工辅助授粉。板栗的人工辅助授粉方法如下:

(一)采 粉

当雄花序上有70%左右的花朵开放时,是采花的适宜时期。由于散粉的高峰期在9时以后,所以采花时间应在8时左右。板栗的花粉具有直感现象。直感现象,是异花授粉在结实多少、果实大小、成熟期早晚和品质优劣等方面,出现授粉品种特点的当代显性现象。由于板栗的花粉直感现象比较明显,因此在采花时要选择多个优质大粒品种的雄花枝上的花序。采后立即摊晒在铺有洁净纸张的苇席上,苇席架要离开地面,置于避风、干燥、受光良好的地方。如遇阴雨天,也可放入室内,并用电灯补光。摊晒厚度为3~5厘米。在摊晒过程中,要经常抖动,当雄花序已晒干时,去掉花轴,用罗筛去除花梗和花丝等杂物。再将花粉(多为尚未开裂的花药)碾细,罗除杂质,放入棕色玻璃瓶内备用。花粉在常温下的发芽能力可保持1个月左右。

(二)授 粉

雌花的开花授粉时期为10~15天,授粉的最佳时机是雌花柱头反卷30°~45°角时。授粉时,凡是手可触及到的部位,可用毛笔点授;触及不到的部位,可将1份花粉,掺入5~10份淀粉或滑石粉,混合均匀后喷粉或装入布袋抖撒授粉。也可将花粉放入10%的蔗糖液,再加0.15%硼砂后喷雾。

四、环剥倒贴皮

环剥倒贴皮,是将韧皮部剥离一圈,中断有机物的向下运输通道,在一段时期内破坏了上下部新陈代谢的系统,能够暂时增加环剥以上部分糖类的积累,使生长素含量下降,从而促进多成花,多结果。其方法是:9月上旬,于树干或旺枝的基部,将枝粗的1/10宽的树皮剥下后,立即倒贴在环剥口上,然后用薄膜包扎(图5-5)。此法对提高产量,控制树冠,均有较好的效果。据试验观察,环剥倒贴皮与对照比较,第二年每条结果母枝抽生的结果枝多52.7%,每条结果枝的总苞数量增加1.1个,产量提高68.4%。第三年的产量,还比对照高53.3%。

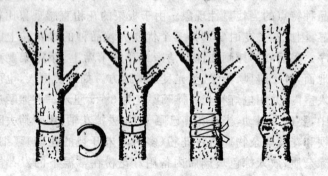

图5-5 环剥倒贴皮示意图

五、防止空苞

(一)产生空苞的原因

板栗空苞是影响产量的重要因素,是全国各板栗产区普遍存在的严重问题。经板栗科技工作者调查和试验发现,当土壤速效硼的含量在 0.5 毫克/千克(即每千克土壤中含 0.5 毫克)以上时,基本上不会发生空苞现象,而土壤速效硼含量在 0.5 毫克/千克以下时,随硼含量的降低,空苞率逐渐升高。因此,可以认定 0.5 毫克/千克是土壤速效硼含量的临界指标。

(二)防止空苞的方法

给栗树补充硼元素的方法主要有:

1. 叶面喷硼 具体方法参照表 4-5"叶面喷肥参考表"的内容进行。

2. 土壤施硼 于春季萌芽前,以树冠大小计算,每平方米施硼(纯品)10～20 克,穴施于树冠外围须根分布最多的区域,施后浇水。

3. 树干输硼液 栗树开花初期,在主干中部选皮层光滑的一面,用小手钻钻一个直径为 0.5 厘米、斜向下的孔,深至树心。用硼 0.5 克,对水 10 升,充分溶化后装入瓶内,用软皮塞堵严,倒挂于树上,将打吊瓶用的输液管一端插入瓶内,另一端塞入树孔,将流量调节至不溢出为适。打完吊瓶用泥把树孔封死,以防病虫危害。据试验,采用以上三种方法,可使空苞率分别降为 11.6%、3.3%和 0。

第四节　提高栗实单粒重技术

一、认识误区和存在问题

在提高结实率的基础上,板栗产量的高低与栗实单果重关系密切。影响栗实增重的因素,除增重期供水不足外,坐果量过多和过早采收,都会降低栗实粒重。可是,在生产中不少人认为,坐果越多越好,好不容易结出的栗苞,再疏掉实在可惜,会影响产量。在采收中,许多人又采用一次性打落的错误做法,在只有少数总苞开裂或刚刚由绿变黄时就一次打落,这样既降低了产量,又降低了品质,减产幅度一般为20%～40%。

二、疏栗苞

由于雌花促进技术和提高结实率技术的综合应用,雌花量会大量增加,特别是易成雌花的一些品种,如金丰、中果红皮油栗、石丰、青毛软刺和沂蒙短枝等品种,总苞量一般都过多,有的一条果枝上的总苞多达10余个。负荷过重,会因营养不足而使空苞增加,栗实大小不均,形成大小年结果现象。因此,合理疏总苞是十分必要的。疏苞时间在柱头干缩后,一般是7月上旬。每枝的留苞量,应依品种、枝势、结果母枝量、目标产量以及肥水管理水平而定。一般掌握的标准为:强果枝留3～4苞,中庸果枝留2～3苞,弱果枝留1～2苞。也可以产量定总苞,即每100千克栗实每一平方米可留总苞11～13个。据对石丰和中果红皮油栗两个品种的观察,疏苞后空苞率比对照分别减少35.6个百分点和8.4个百分点,单粒重分别增加1.92克和2.11克,平均每一结果枝的产量增加13克。

三、落地捡拾和分期采收是保证栗实 充分成熟的采收方法

试验已证明:采收前10天果实的增重量,占总重量的50.7%,而且越是接近完熟越是急增。在一个栗园内,品种之间的成熟期有早有晚;一棵树上,外围与内膛,阳面与阴面,

栗实的成熟也不一致。把未充分成熟的栗苞强行打落,就等于用人为的力量断绝了从叶子供给栗果的营养成分,违反了栗实发育的自然规律。而且,未完熟就被打落下来的栗子,其果皮、果仁都未充分成熟,不耐高温、高湿和风吹,贮存时变化快,急速收缩,硬外皮与栗仁之间出现空隙,硬皮变软,栗仁收缩变小。这种栗子很快变成风干栗,水洗时多变为漂浮栗,风味降低,极易霉烂。同时,强行打落必定会伤及叶片及枝条,使光合作用效率降低,贮备营养减少,又会影响到翌年春季的栗树生长发育和雌花的形成。

板栗成熟的外观标准是,总苞由绿变黄,再由黄变为黄褐色,中央开裂或"十"字开裂,栗果由褐色完全变为深栗色,果座与栗苞自然分离,一触即脱落。具体的成熟日期因品种和产地不同而异。总苞开裂,栗实成熟后经微风吹动或人轻轻晃动,就会自然脱落或震落,然后人工捡拾。为捡拾方便,在临近成熟之前,要平整树冠下地面或铺塑料膜。一般每日早晚可拾栗一次,集中收获期中午再加拾一次。捡拾后要及时用湿沙埋藏。这种方法采收的板栗成熟度好,质量高。我国燕山山脉栗产区的大部分栗农,历来沿用这种采收方法。这也是该产区板栗优于其他产区的一个重要原因。

捡拾务必要及时。据试验,将刚刚捡拾采收的含水量为48%的栗实,置于室外气温16℃～24℃、相对湿度为60%左右的环境条件下,第二天失重9.8%,第四天失重13%,第六天失重18%,第八天失重23%,第十天失重27%。板栗容易蒸发失水,与其种皮的结构有关。栗子种皮在显微镜下观察,为多孔纤维结构,表面没有蜡质,水分容易扩散。同时,失水后再复水,仍可吸水增至原状,但极易腐烂。

对受自然条件限制而确实无法落地捡拾栗实的栗园和大

树,可分期采收。即每次只将已开裂的总苞轻轻摄下,放到背阴通风的地方堆贮,堆放高度不超过40厘米,上面盖草防晒,并喷水防干,后熟3～5天,然后及时取出栗实。取实时,可用戴橡皮手套外面再加套皮手套的方法,将栗实取出。

第五节　促进板栗一年两次结果的技术

一、效　果

易成雌花的板栗品种,在光照良好、营养充足的前提下,初夏经摘心、剪截后,萌生的二次梢有形成雌花的特性。利用这种自然性状,在雌花量少的树或枝上,促生二次梢结果,是一项有增产实效的花果管理措施。据在11个品种上的试验,其中有10个品种结出了二次果,占总产量的比重平均为31.3%。品种之间产量差异较大,最少的为1.7%,最高为60%,二次果的采收期(10月中下旬),比一次果晚30～40天,平均单粒重为9.8克,比一次果少1.5克。

二、促花与保果技术

(一)剪截时间

在山东省费县为5月中旬。此时,当地的旬平均气温为20.1℃,5厘米深处的平均地温为21.4℃,旬降水量为7.2毫米。

(二)各类枝的剪截

1. 雄花枝　首先,将单纯雄花枝的雄花序全部疏除,再从盲节以上3～5芽处剪截。新抽生的二次枝出现混合花序后,在二次枝的果前梢3～5芽处摘心。

2. 发育枝　对发育枝,从半木质化部位剪截,新抽二次枝出现混合花序后,在果前梢的 3～5 片叶处摘心。

3. 果前梢　对一次雌花簇量在两个以下的果前梢,从1～5 片叶上部剪截。新抽二次枝出现混合花序后,再从二次结果枝的果前梢的 3～4 片叶处摘心(图 5-6)。

(三)授　粉

二次雌花的授粉期在 7 月中旬至 7 月底。这时,大部分第一次雄花序已过散粉期,开始脱落,只有少量的二次雄花可供自然授

图 5-6　夏季剪截促成二次结果示意图
（箭头所指为剪截位置）
左:果前梢　中:雄花枝　右:强发育枝

粉。将采集的一次雄花的花粉,每四天人工授粉一次,共授粉四次,可使二次果的空苞率降低 22.5％。

第六章 改良板栗实生低产大树和改造郁闭密植栗园是提高效益的捷径

第一节 板栗实生低产大树改良技术

一、认识误区和存在问题

目前,我国板栗产量有80%来自占总面积40%左右的丰产园(树)。产量低于国家标准规定指标的栗树株数,约占板栗总株数的80%。其中不结果的所谓"公树"和"哑子树",在各产区都屡见不鲜。低产大树一经改良,产量很快会成倍提高。山东省费县大梓罗湾村对20株平均树龄为52年的劣种树进行改良,改良后第二年,按树冠占地面积计算,每667平方米产量从改良前的47.1千克猛增到482千克,增长9倍多。全国各栗产区,都有一些改良后大幅度增产的典型。但是,在低产大树改良的实际操作中,也存在着一些偏差。一是盲目改换。没有弄清造成低产的原因是管理缺位,还是种质低劣,就错把管理缺位的良种当成劣种而改换。二是改良时对骨干大枝处理不当。多数为截干过重,忽视丰产骨架的建造。三是改良后很少应用促进早实、丰产的配套技术,出现了"一至二年旺长,三年见果,四年才有产量"的事与愿违的低效现象。四是只重视改换良种,忽视应同时加强土肥水及花果管理这一关键措施。致使许多改良树经几年丰产后树势转弱,又进入低产树的行列。

二、实生劣种树的判定

我国板栗实生后代性状分离所产生的形形色色性状各异、千差万别的单株,是大自然赐予的天然种质资源宝库。我们目前应用的良种,绝大多数是从这个宝库中优选出来的。还有很多优良的种质,至今仍隐藏在分布广阔的实生林之中,尚待发掘。应当指出,许多大树的产量之所以很低,并不一定是品种低劣,也有可能是栽培条件恶劣,如土层浅薄、干旱缺水等环境,加上不良的人为因素,使其特性没能得到充分展现所致。因此,在改劣换优之前,应当本着"宁可信其优,不可轻易判其劣"的指导思想,在加强科学管理的基础上,认真观察三年以上,确实证明每一平方米树冠投影面积产量低于0.4千克以下,并且在遗传上没有其他特异性状时,才能判定为劣种树,也才宜列为改劣换优的对象。否则,许多优良的种质资源将会面临不断流失,遗传性状将变得越来越差的危机。到那时,我们的后人将会为创造新品种,而付出比自然选优要大多少倍的代价。

三、大树改良常用的嫁接技术

(一)影响嫁接成活的因素

1. 嫁接亲和力　嫁接亲和力是指砧木和接穗经嫁接而能愈合生长的能力。它是嫁接成活的最基本条件。

愈合的过程,包括砧木和接穗相互密接后能产生愈伤组织而愈合,并分化出新的输导组织——导管和筛管,最后连成一体,形成新的形成层环,进而使韧皮部里的筛管和木质部里的导管相互贯通。这时,砧木和接穗之间的水分,无机营养和有机营养的上下输导，方可得到进行，使二者真正结合为一体。因此，嫁接时，务必使砧木与接穗的形成层相互吻合好。

确定合理的嫁接组合，也是嫁接成活的重要前提。我国的栗树砧木，有板栗和日本栗系统（含朝鲜栗）两种实生砧。板栗的实生砧只能嫁接板栗的良种，日本栗系统的实生砧只能嫁接日本栗系统的品种。否则，会因后期不亲和而引起栗树死亡。最近几年，工云尊先生发现，沂蒙短枝栗嫁接到其他板栗的实生砧木上，进入盛果期后，部分植株出现死亡；只有用该品种的本砧嫁接，才能保持长期的健壮生长。其他地方也有板栗的某些品种与其他板栗实生砧之间，存在着后期不亲和与半亲和的现象。

用野板栗作砧木嫁接的板栗树，当年成活率虽高，但因亲和性差，以后大部分树会逐渐死亡。用锥栗作砧木嫁接板栗接穗，则难以成活。对于茅栗嫁接板栗，几十年来，我国长江流域及南方产区的板栗科技工作者，不断进行探索。广西百色市木本油料研究所，1974 年经过大量试验，筛选出了编号"sm-1974-1"的、能与茅栗亲和的中间砧，成活率达 100%。再把板栗优良品种的接穗嫁接到中间砧上，第二年即结果。经过七年追踪观察，接口愈合良好，生长正常，产量稳定。陕西省长安和湖南省邵阳等地也有成功的报道。

2. 温度 嫁接后，愈伤组织形成的快慢与多少，是影响成活的重要因素。而板栗等植物的愈伤组织只有在一定的温度下才能产生；温度过高或过低，都会影响到愈伤组织产生的多少、快慢或能否产生。据实验观察，板栗的愈伤组织在 15℃～30℃ 的温度下都能产生，而 25℃～30℃ 为最适宜温度。

3. 湿度 湿度对愈伤组织的产生，也有重大的影响。湿度过低,接穗会被干死;湿度过大,不但会造成接口的霉烂,也会因空气不足使接穗窒息而死。据观察,当土壤含水量为16%左右、嫁接包扎口内空气相对湿度为85%～90%时,对栗树愈伤组织的形成最为有利。

4. 光照 光照对愈伤组织的产生和生长,都有着明显的抑制作用。据试验证明:在黑暗条件下,愈伤组织的生长量比在曝光条件下要大3～5倍。故嫁接后用黑色塑料膜绑扎或采用透明塑料薄膜时其内衬一层纸,既能起到保温、保湿和防日烧的作用,又可遮光,使嫁接部位愈合快,嫁接树成活率高。

5. 气象 在室外嫁接时,应避开不良天气,例如阴湿的低温天、大风天和下雨天。阴天、无风、温度适宜又湿度较大的天气,进行嫁接最为理想。

6. 接穗的生活力 接穗的生活力,主要是指接穗的新鲜程度和含水量。这也是影响嫁接成活的关键因素之一。据多年的实验观察证明,在同等条件下,使用冬季剪取后经过2～3个月贮藏的接穗嫁接,成活率一般在70%～80%之间;使用惊蛰前后剪取的接穗嫁接,成活率一般在90%以上。

接穗含水量直接影响着形成层细胞的活动。如果含水量低,形成层细胞则停止活动,直至死亡。据实验,接穗含水量在54.8%时,嫁接成活率为95%;接穗含水量为41.6%时,嫁接成活率为68%;接穗含水量为30.6%时,则不能萌发。

(二)接穗的采集、贮藏和蜡封

用于嫁接的板栗接穗,应采自于品种纯正、生长发育健壮的中、幼龄树上,而且应当是发育充实、芽子饱满、无病虫害的发育枝、结果枝和强壮的雄花枝。如当地有良种树,一般应在芽子尚未膨大、嫁接前20天左右采下。在鲁南地区,一般是惊蛰前后,然后放入 3℃~8℃的低温处,用湿沙埋藏。如当地无良种资源或嫁接数量很大时,则应提前 20~30 天,将接穗采回,放在低温处沙藏;或采回即进行蜡封,然后装入塑料袋中,置于 3℃~8℃环境中贮藏;最理想的方法是由供种源地采后即行蜡封,直接引入已蜡封好的接穗。

为了提高嫁接成活率,采用接穗封蜡是一个好办法。其做法是:先用凉清水冲洗净接穗上的沙土,再剪成嫁接时所需要的长度,剪时要注意顶端留饱满芽。将石蜡放入容器中熔化,当蜡液温度升至 100℃左右时,再将此容器放入沸水锅中,间接加热,使蜡液的温度保持在 92℃~95℃。拿住剪好接穗的一头,将另一头迅速在蜡液内蘸一下,立即取出。这样连续蘸 30 根左右,再倒过来蘸另一头,使整个接穗外表都蒙上一层薄薄的蜡膜。最后将蜡封接穗放入塑料袋中,贮藏于冷凉处备用。

接穗蜡封时,切忌将石蜡直接加温。因为这样蜡液的温度很难掌握,超过 100℃会伤害芽子,低于 90℃又会造成蜡膜太厚,容易"脱壳"。

(三)嫁接时间和常用方法

1. 嫁接时间　当日平均气温达到 10℃时,即可开始嫁接。在山东省南部一般是 4 月上旬。只要接穗贮藏良好,嫁接可延续至 4 月底至 5 月上旬。

2. 嫁接方法

(1)劈接法　嫁接时,若砧木与接穗均不离皮,则可采用劈接法嫁接。大树改劣换优及苗木嫁接,均可用此方法。

①砧木劈口　在嫁接部位将砧木锯断,削平锯面,用劈刀在砧木面的中间作一垂直劈口,劈口长 6 厘米。如砧面过粗,可在砧面上平行相间地作垂直劈口 2~3 条,以便多插接穗,

有利于接面伤口的愈合。

②削接穗　将接穗下端削成长 5 厘米左右的楔形,入刀处要陡些。

③插穗与绑扎　插接穗时,先撬开劈口,再将接穗缓缓插入,并使二者形成层相互对准。插好后的接穗,削面上端要留有 0.3 厘米的"留白",以利于接穗与砧木的良好接触。绑扎时,先用一小块塑料薄膜封住砧面,再用塑料条将接口绑紧封严(图 6-1)。

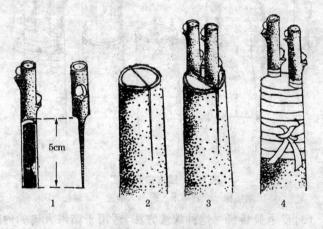

图 6-1　劈接法示意图
1. 削接穗　2. 劈砧木　3. 插入接穗　4. 绑扎

(2)插皮接　嫁接时,如果砧木已离皮,接穗尚没有离皮,则可采用插皮接法。进行苗木嫁接和大树改劣换优,均可以采用此法。

①削接穗　在接穗下端,削一个长 5 厘米左右的马耳形斜面,然后于马耳形斜面背后的两侧各削一刀,深达韧皮部即成。

②截砧、插接穗、绑扎　在嫁接部位将砧木锯断或剪断，然后削平。再选树皮光滑部位一侧的上方，用刀尖将韧皮部与木质部之间挑开，随即将接穗缓缓插入。插穗时，削面上方要留有 0.3 厘米的留白。如砧面较粗，应适当多插接穗，以利于接口愈合。接穗插入后，用塑料条将接口绑紧、封严即可（图 6-2）。

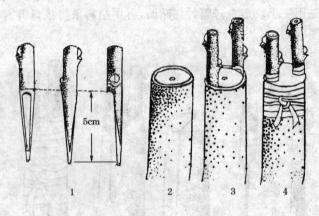

图 6-2　插皮接示意图
1. 削接穗　2. 截砧木　3. 插入接穗　4. 绑扎

(3) 皮下腹接法　这种嫁接方法，适用于结果大树的内膛光秃带和大树改劣换优时的光秃带的补枝，以达到填补内膛、立体结果的目的。

①接口的切法　在板栗树需要补枝的部位，横切一刀，长 6～8 厘米，深达木质部。在横切口中央的上方，再切一宽度与接穗粗度相当的半椭圆形，深达木质部，并将切口中的皮部挑开。

②削接穗与插入　于接穗饱满芽的背面，向下斜切一刀，削成长 5～7 厘米的斜面。再将背面的两侧各轻削一刀，深度

达韧皮部。将削好的接穗,缓缓插入接口下方的形成层内,接穗削面的上端与半椭圆形的横切线一致,然后用塑料条严密绑扎接口,或用接蜡将接口封住即可(图 6-3)。

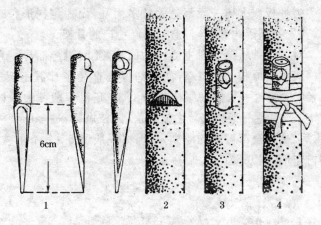

图 6-3 皮下腹接示意图
1. 削接穗 2. 切接口 3. 插入接穗 4. 绑扎

(4)倒芽嫁接 嫁接时期、嫁接方法及其嫁接后的管理,均同上述。所不同的是,削接穗时,把芽的上端削成马耳形斜面,将接穗倒插入砧木皮层内。这样,可以加大新生枝的角度,抑制枝条的极性生长,达到早实、丰产的目的(图 6-4)。

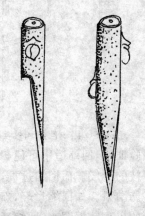

图 6-4 倒芽嫁接削接穗示意图

四、当年截干、当年嫁接改劣换优法

(一)因树回缩,打造好丰产骨架

劣种板栗大树一般都是大枝多而乱,无一定树形。改造时,首先必须因树回缩,打造好丰产稳产的骨架。

对于劣种板栗大树主侧枝的回缩,要因树势而异。衰老树一般截去原枝长的 1/2,截头部位处直径应掌握不超过 8 厘米;中庸树一般截去原枝长的 1/3;旺树一般截去原枝长的 1/4。打造骨架要本着主枝长留,侧枝短留,过多的大枝疏除,病、枯枝全部剪除的原则,每棵树一般留 5～7 个主枝,并因树作形(图 6-5)。

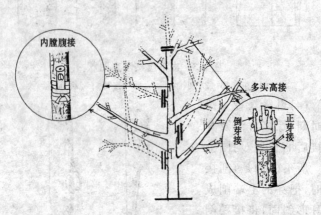

图 6-5 因树回缩和多头高接、内膛腹接示意图

试验证明,回缩适中可使树势得到调节,由弱转旺,促进结果母枝的形成。而回缩过重,会造成嫁接新枝旺长,第二年一般不能结果。如回缩过轻,新枝长势不旺,分枝较少,也影响产量的提高。据调查,回缩适中的树,三年累计株产量,是回缩过重树的 3 倍,比回缩过轻树高 18.3%。

(二)搭配良种,进行多头高接和内膛腹接

在对分散栽植的劣种树进行改良时,如果单株之间的距离超过 20 米时,在同一株栗树上,嫁接 2～3 个成熟期相近、授粉组合较好的良种,则有利于自然授粉,提高结实率。

进行多头高接,采用插皮接法。每一截面的接穗数量,根据截面处直径的大小而有所差别。一般直径在 2 厘米以下者接一穗,2～4 厘米者接两穗,4～6 厘米者接三穗,6～8 厘米者接四穗。试验证明,按嫁接部位粗度多头高接,当年一般可恢复到原树冠的 75％ 左右,第三年即可恢复到原树冠的大小。截头时造成的伤口,一般三年也可全部愈合。而接穗过少者,一般需要 5 年以上时间才能愈合,还容易造成大枝腐烂和空洞。

进行内膛腹接,采用皮下腹接法。这是在多头高接的基础上,于主侧枝光秃带的两侧进行皮下腹接。操作时,每隔 45 厘米左右插一接穗。这样,可以填补内膛光秃和残缺部位,改善树体结构,增加结果部位(图 6-5)。

(三)嫁接后的管理

嫁接后管理工作的好坏,不但能直接影响嫁接成活率,同时也影响嫁接树的生长发育和能否早期丰产。嫁接当年,主要的管理工作如下:

1. 清除萌蘖 要及时抹掉砧木上的一切萌蘖。从嫁接后 15 天开始抹第一次,以后隔 7 天左右抹一次,直至 9 月份。

2. 架枝防风 4～6 月份,我国大部分地区多大风天气。而在此期内,嫁接部位愈合尚不牢固,且嫁接树新梢快速生长,叶片大而厚,一旦有三级以上风力,即可将其基部折断。因此,当新梢长至 30 厘米时,应及时架枝防风。进行操作时,先将支柱牢牢固定在砧桩上,再将新梢松松地绑在支柱上。

3. 及时解除嫁接绑扎条 一般在汛期到来之前,嫁接部位已合为一体。这时,要及时将嫁接塑料绑扎条解除,以防止缢伤。

4. 适时摘心 为使嫁接树多生分枝,早形成树冠,达到早期丰产的目的,在嫁接当年要摘心。第一次摘心的做法是,于新梢生长达到 30 厘米左右时,将顶梢摘除。以后,每当新梢生长到 25 厘米左右时,即再摘一次。

实生劣种大树改良后,只要管理方法得当,一般第二年就可以大量结果。但此类大树的生长地,一般都未经过深翻改土,水土流失严重,根系裸露。为保持高产稳产,必须加强以土、肥、水为基础的综合管理。在土壤管理上,应根据地形,因地制宜地采用加厚土层的整地措施。

五、当年截主干促枝、第二年改劣换优法

对主干和树冠均过高的实生劣种大树,为降低树高,便于管理和促进高产,可采用第一年截主干促枝、第二年改劣换优的方法。具体操作可分作以下两步进行:

(一)截主干促枝

萌动前,对树势较旺的实生大树,在主干距地面 1.8 米左右处锯干。对树势中庸和树势较弱的树,分别在主干距地面 1.5 米和 1.2 米处锯干。锯后,用利刀削平锯口。萌动后,隐芽会大量萌发,从萌生的新枝中,按预定树形结构,将生长旺盛、方位适宜的枝条,螺旋状地选留 10～15 个,其余的枝条全部予以疏除。所生新枝的自然生长状态一般是:距截面越近,生长势越旺,角度越小(约为 25°角);距截面越远,生长势越弱,角度越大(约 40°角)。为促进第一层骨干枝(主枝)的生长势,在新生枝条长至 60 厘米左右长时,除选留一直立生

长的枝条作中心干和拟留作第一层主枝的枝条,其基角不作人为变动外,对其余的枝条均采用拉、撑、坠、捋等技术,将角度调整至 60°左右,以保证中心干和主枝的生长势。9 月中旬,再剪除各枝的秋梢。

(二)嫁接优良品种

第二年春季,根据树形对主、侧枝配置结构的要求,在一年生枝适当部分短截。然后嫁接优良品种(图 6-6)。嫁接方法、嫁接后的管理,与当年截干、当年改劣换优法相同。

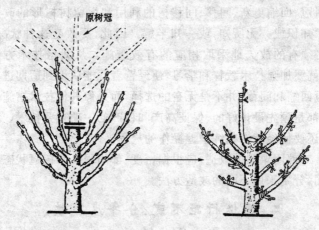

图 6-6 当年截干促枝、第二年改劣换优示意图
第一年在中心干 1.5 米处截干促枝(左) 第二年嫁接良种(右)示意图

第二节 郁闭密植栗园的改造技术

一、认识误区和存在问题

许多地方的密植栽培栗园,树冠已经密接,栗园郁闭,内膛光秃,叶幕层变薄,早已错过了改造的最佳时机,导致产量下降。笔者在调查中曾发现,某园地 667 平方米最高产量曾达到 650 千克以上,但由于后来郁闭 10 多年,从未对它采取过任何改造措施,致使 667 平方米产量降至 150 千克左右。造成这种状况的原因是多方面的。如承包期短或发包方规定每少一棵树要罚多少款,导致承包经营者不能或不敢间移;经营者对密植栽培缺乏常识性的了解,认为既然栗树已栽入园地,就只能任其生长而不能去除,祖祖辈辈都是这样;对控制树冠、回缩更新、间移、间移树的利用和保留树树形的改造技术知识或一无所知,或一知半解。因此,要改变这种状况,就必须有的放矢地采取相应的有效措施。从栽培技术方面讲,就要加强技术教育和学习,使经营者既能认识到适期进行树冠回缩和间移,并不是无奈的选择,而是像其他技术措施一样,都是预先设计好的、保证高产和稳产的一项重要技术。同时,还要使经营者熟练掌握操作的规程。

对郁闭栗园的改造,应根据密度、郁闭程度和树冠状态的不同,分别采用不同的改造方法。

二、原株行距不变,分年度疏枝、回缩改造法

此改造方法适用于中、低密度密植栗园(33 株～66 株/667 平方米)。这类树的一般特点是:几个大枝自腰角部位抱合向中央生长,树高 3.5 米以上,树冠交接,交接程度逐年加深,叶幕成为弯月形,在树冠内膛中心干及主枝的可受光部位,萌生出一些纤弱发育枝(图 6-7)。

改造此类树时,应根据栗树的高度、骨干枝的角度和长度等情况,因树作形。以图 6-7-A 为例,可改造成近似小冠疏层

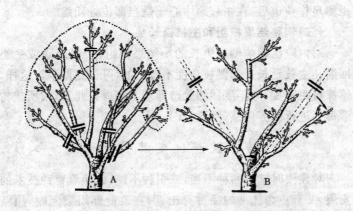

图 6-7　原株行距不变郁闭密植栗园改造示意图

形。具体操作可分三步进行。

(一)复壮内膛

通过落头开心,撑、拉大枝,疏除多余大枝,复壮内膛。树液流动至发芽前,参照小冠疏层形树体的结构要求,在中心干2.5米处落头开心,将选定的主枝腰角拉至 70°～80°,其他多余的大枝,距主枝太近的疏除,尚有一定空间的拉平作辅养枝,结果 1～2 年后,再视具体情况回缩或疏除。

(二)培养侧枝和结果枝组

树冠落头、疏大枝和拉枝后,内膛光照大为改善。主枝中、后部的隐芽会大量萌发,原有的纤弱发育枝也会由弱转旺。此后应参照小冠疏层形树侧枝配置的要求,选留侧枝。当所选侧枝长至 30 厘米左右时摘心,促生分枝,培养结果枝组。对选定的侧枝以外的发育枝,距侧枝太近、影响侧枝生长的予以疏除。暂时不影响侧枝生长的,长至 20 厘米左右时进行摘心,促生分枝,使其翌年结果。主枝顶部的结果母枝,要全部保留,结果后将果前梢全部摘除。冬季修剪时,根据株行距留足作业道后,在主枝距中心干适当部位处回缩。

(三)调整结果枝组和主枝延长头

对内膛已影响侧枝生长的小结果枝组,予以疏除或适当回缩。主枝延长头和侧枝角度不合适的,可适当调整。这样,原株行距不变,分年度回缩改造即基本完成。此后,按所成树形每年进行修剪调整(图 6-7-B)。

三、结合改换优良品种改造法

对建园时选用品种不当,或引种不纯,或随着育种技术的发展,又有更为优良的品种育出者,在改造郁闭栗园时,用新的优良品种进行改劣换优,是一举两得的办法。在改造时,根据栽植密度大小和树体大枝的生长状态,首先确定拟用树形,重回缩和疏除过密大枝;然后再根据树势强弱,在多年生枝分杈处回缩;对内膛小枝每 25 厘米左右保留一个并截成砧桩,在光秃部位插枝补空。具体操作方法和改接后的管理,可借鉴低产大树改劣换优法进行。

四、间移改造法

用间移的方法改造郁闭栗园,一般适用于高密度(110 株以上/667 平方米)栗园。保留板栗树的密度,以每 667 平方米 56 株(株行距为 3 米×4 米)为宜,其余的板栗树可移至异地,重建新园。

对保留栗树的树形要进行合理的改造。郁密栗园的树,一般是几个大枝直立向上,树冠年年升高,高度在 4～6 米,叶幕成平面形(图 6-8-A)。对这种树一般可分四步进行改造。现以图 6-8-A 所示的高密度郁闭园的栗树为例,将改造步骤分解如下:

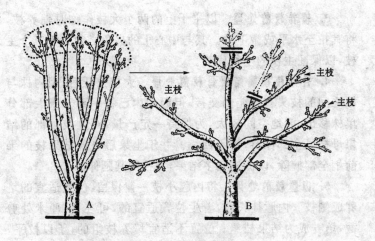

图 6-8 间移后保留树状态(左)及落头、拉枝开角促进内膛示意图

(一)改造树形

于春季树液流动至发芽前,根据原树的大枝数量及着生的位置,因树制宜,设计好拟改的适宜树形。一般可改成小冠疏层形或变侧主干形。根据图 6-8-A 的大枝着生及分布情况,宜改为小冠疏层形。

1. 中央领导干的选定及处理 选生长居中的大枝扶正作中央领导干。

2. 主枝的选定及处理 选板栗树主干上的三个大枝作第一层主枝,将该三个大枝拉、撑至开角 70°左右。如该枝基部已很粗,拉枝时用力过大,则易造成劈裂,其基角难以开张时,可将腰角拉至 80°,并调整好主枝的方位。培养第二层主枝的方法是:在中心干距第一层第三主枝上 1 米左右处回缩,促进原纤弱发育枝转强或促发新枝,从中选留第二层主枝(图 6-8-B)。

3. 辅养枝的处理 以主干上的两个大枝作临时辅养枝，将其拉至水平或微下垂。其与中心干的夹角必须大于三个主枝，以保证主枝的生长优势。

4. 各大枝顶端结果母枝的处理 大枝拉开后，园内株与株之间的枝头有可能仍交接，但因园内已将一部分或大部分单株移出，园地空间较大，为保持一定产量，对大枝顶部的结果母枝可全部保留，暂不回缩。并于坐果后将各结果枝的果前梢全部摘除，以促进其多结果，并控制其延伸。

5. 内膛枝的处理 将内膛小枝一律保留，位置适宜的培养成侧枝。内膛徒长枝，着生位置适宜的，可在 25 厘米处剪截，培养成为结果枝组；位置不适宜培养枝组的，予以拉平，促其结果，以后再择机疏除。

(二)培养侧枝和结果枝组

按图 6-8 回缩和拉枝后，主枝及辅养枝中后部的隐芽会大量萌发抽枝。按小冠疏层形树体的结构要求，首先在适宜部位选留侧枝，并将所选侧枝两侧 20 厘米范围内的芽疏除，以保持侧枝的生长优势。当侧枝长至 30 厘米左右时摘心，促生分枝，培养结果枝组。对 20 厘米范围之外的新枝，每隔 20 厘米左右选留一个侧生枝，使它们错落排列。在它们长至 20 厘米左右时摘心，促生分枝，将其培养成翌年的结果母枝。

(三)回缩各主枝和第二层主枝开角

冬季修剪时，将第一层各主枝在距中心干 1.8 米处回缩，对第二层主枝开角，将辅养枝疏除。至此，保留树就基本改造成小冠疏层形架构(图 6-9)。

(四)回缩或疏除内膛临时性结果枝组

经过 1～3 年的生长与结果，侧枝和枝组也逐渐扩展。当临时性结果枝组将要影响到侧枝及其上的永久性结果枝组受

光和生长发育时,应根
据其空间大小,及时进
行处理。空间小者疏
除;尚有一定空间者,
可暂时回缩,待无空间
时再疏除。这样,保留
树的树形改造即告结
束,此后应按成形树进
行修剪。

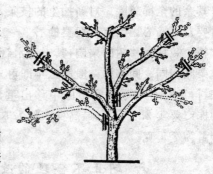

图 6-9 回缩主枝延长头
及疏除辅养枝示意图

五、利用间移树
建新园

(一)间移时间和
方法

栗树的间移,于落叶后或 2 月份解冻后进行。对计划移
出的栗树,先于 9 月底在距根颈 50~60 厘米处的地面,挖 60
厘米左右深的环状沟断根。然后立即回填,以促进断根的愈
合和新根的产生。移树前,对其树冠在 3~4 年生分叉部位进
行回缩。回缩时,根据原有树冠骨干枝的分布情况,截成小冠
疏层形或变侧主干形构架。移植时,将断根环内的树根带土
墩挖出,特别要保护好细根,对有机械损伤和碰破皮层的 0.5
厘米以上粗的根,要从受伤处剪齐。填土时,要随回埋土,随
踩踏。栽后浇水沉实,使根系与土壤密接,并覆盖地膜。移植
栗树的成活率,一般在 95% 以上。

(二)间移树当年的管理

间移树重回缩后,隐芽大量萌发,每一重短截部位萌芽多
的可多达几十个。要从中选留 5~7 个分布均匀的侧生芽,而

将其余的全部疏除。对新抽生的枝条,当其长到 30 厘米左右时要及时摘心。当年一般要摘心 3～5 次。9 月上旬,要摘除秋梢。栽植间移树的栗园,其土肥水管理及病虫害防治,与其他栗园相同。间移树一般第二年即可丰产。山东省费县周家庄村,1982 年春季从密植园中移出重建新园的树,第二年平均株产栗实 2.2 千克,最高株产量为 6 千克,三年累计平均株产量为 7 千克。

六、纠正不合理的改造方法

在对郁闭密植栗园进行改造时,最常见的不合理的改造

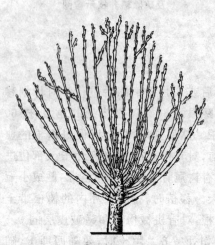

图 6-10　不合理的改造方法示意图

方法,是在大枝的基部临近中心干处,不分层次进行重回缩。由于回缩过重,新生枝条既多又旺,再加上不摘心或摘心不及时,最后就出现了"一年疯长,二年还旺,三年见产量,四年得丰产,五年又回原样(郁闭)"的不良循环(图 6-10)。这种不正确的密闭栗树改造方法,必须坚决纠正,而代之以科学的间移改造法。

第七章 整形修剪是提高效益的重要调节手段

第一节 整形修剪的重要性

一、认识误区和存在问题

整形修剪，是目前板栗栽培管理中最薄弱的环节之一。存在的主要问题，一是有相当多的栗农，甚至管理层人士错误地认为，板栗是耐瘠薄的粗放型果树，即使不修剪，也照样结果。因此，各产区的大多数板栗树，处于放任生长的状态。二是已进行修剪的栗园（树），也多是沿用历史上的老习惯，仅限于采用简单的"穿树"方法，疏去细弱枝，减少生长点，对树冠其他部分一概放任不剪。三是少数每年都进行修剪的密植栗园，基本上都是只修剪，不整形；而修剪的内容，也局限于清除重叠、过密、病虫枝和对部分结果母枝进行短截，而不注意树体丰产骨架的构建。这种不合理的修剪方法，随处可见。四是对整形修剪作用的认识存有盲目性，把修剪看得很神秘，好像是解决低产问题的"灵丹妙药"，因而忽视以土肥水管理为关键的综合措施的应用。

二、整形修剪是板栗优质、高产的重要保证

板栗是多年生、多分枝和多器官的果树。它的生长和结

果,是一对相互依赖又相互制约的对立统一矛盾,贯穿于整个生命周期。如若栗树没有健壮的树体,就不会有高产和高效。这是生长和结果相互依赖的一面。然而,生长过旺又会延迟结果,结果过多又会抑制果树生长,这又是两者相互制约的一面。在生产上,诸如幼树早期不结果、大小年、结果后早衰等问题,都是生长与结果矛盾激化的表现。但是,只要采取科学的整形修剪措施,这些问题都是可以解决,并达到优质、高产和高效目标的。

树体自身不能有效地调节各部分、各器官之间的均衡关系,也不能最合理地调节枝、叶、花、果的数量和营养物质的合理分配,更不能有效调节其与环境的关系。这些关系的协调与调节,必须由整形修剪来担当。

整形修剪的重要作用,具体地说,一是通过调整个体(单株)和群体(全园)的结构,以便更有效地利用空间,从而提高光能利用率。二是通过调整树体叶面积,改善光照条件,增加光合产量,从而改变树体的营养制造状况和营养水平。三是通过调节,使地上部分与地下部分保持平衡,促进根系生长,从而改善无机营养的吸收和有机养分的分配状况。四是通过调节营养器官和生殖器官的数量、比例、质量和类型,从而影响树体的营养积累和代谢状况。五是通过控制无效枝、叶和花果的数量,从而减少养分的无效消耗。六是通过调节枝条的角度,变换枝条的方位,疏导通路,从而定向地运送和分配营养物质。

总之,通过整形修剪的调节作用,既可以使板栗树最大限度地利用太阳光能,制造出尽量多的营养物质,又最合理地输送到各个器官。从而达到既高产、优质和高效,又保持健壮生长的目的。

第二节　与整形修剪关系密切的板栗生长发育特性

一、板栗枝条的类型与特性

(一)按枝的性质分类

按枝类性质的不同,板栗枝条分为以下三类:

1. 结果母枝　凡能抽生结果枝的1年生枝,称为结果母枝。由生长健壮的结果枝、雄花枝和发育枝转化而成。它多数分布在树冠的外围,当树冠开张、内膛光照良好时,在树冠的内膛也有分布。典型的结果母枝(即上一年度的结果枝),自下而上地分为基部芽段(3～4节)、雄花序脱落段(盲节9～11节)、结果段(果痕1～3节)与果前梢段(1至若干节)。由于板栗结果枝的连续结果能力较强,所以在盛果期树上,这一类结果母枝约占总母枝量的70%。根据结果母枝的长度、粗度和芽的充实饱满程度,又可将其划分为强、中、弱三类(图7-1)。

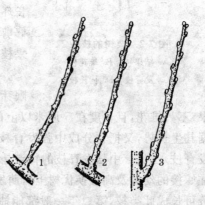

图7-1　可转化成结果母枝的一年生枝
1. 结果枝　2. 健壮的雄花枝　3. 中强发育枝

2. 结果枝　由上一年度健壮的结果枝、雄花枝和发育枝上部的完全混合花芽抽生而成。落叶后大部又变成下一年的结果母枝。结果枝的强弱及其坐果的多少,与花芽的质量和着生部位密切相关,一般是由上而下地逐次变弱(图 7-2-A)。

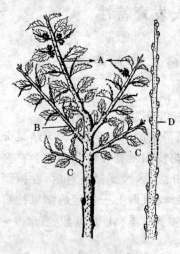

图 7-2　栗树的枝条
A. 结果枝　B. 雄花枝
C. 发育枝　D. 徒长枝

3. 雄花枝　这是只着生雄花序的枝条。由上年度衰弱的结果枝、中强度结果母枝的下部芽、内膛弱枝、徒长性发育枝及中强发育枝混合花芽以下的芽子,抽生而成。全枝具有基部芽段、雄花段(盲节)和雄花前梢段三段。它不能形成雌花的原因,多因营养及着生部位光照不良所致,并非板栗所固有的特性。如生长环境优化(补充营养,合理修剪),亦可形成雌花,成为结果枝(图 7-2-B)。

4. 发育枝　由叶芽、休眠芽发育而成。一般把不结果,不具雄花,且长度在 5 厘米以上的枝,均称为发育枝。根据其生长势,又把它分成中强发育枝、弱发育枝和徒长枝(强发育枝)三类。中强发育枝的特点是,大芽节数多,没有盲节,在嫁接的幼树及高接换优树上所萌发的枝条,经过摘心,大部分可长成此类枝,第二年一般都能抽生结果枝。中强发育枝未经摘心,可发育成长 1 米以上、基径粗 1.5 厘米以上和有几十个节位的长条子,芽子也较瘦弱,一般称为徒长枝,如不经整形修剪,一般不能结果(图 7-2-D)。弱发育枝是由 1 年生枝下部的小芽、弱枝和内膛枝隐芽上发生,栗树上的弱枝和弱枝群,在先端有旺枝存在的情况下,无复壮的可能。但如果将先端优势回缩或将树冠开张,弱枝即可复壮生长成结果母枝(图7-2-C)。

(二)按枝的姿势和相互关系分类

按枝的姿势及各枝之间的关系分类,栗树的枝条可分为直立枝、斜生枝、水平枝、下垂枝、内向枝、逆行枝、并生枝、重叠枝、平行枝、轮生枝和交叉枝。

二、枝条的萌芽力与成枝力

萌芽力,是指1年生枝条在自然状态下,所萌发的芽数占总芽数的百分比。成枝力,是指萌芽后抽生的长枝数,所占总萌发芽数的百分比。萌芽力强的品种,枝量增长快,易早实丰产。成枝力强的品种,易整形,中长枝多,树冠成形快,但如控冠不及时,树冠易郁密。萌芽力和成枝力因品种而异,一般可分为强强、强弱、弱强与弱弱四个类型(图7-3)。

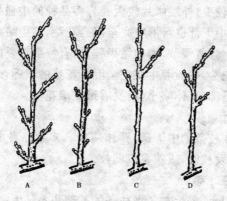

图7-3 萌芽力与成枝力示意图
A. 强强 B. 强弱 C. 弱强 D. 弱弱

三、芽的类型及特性

板栗芽按性质可分为混合花芽、叶芽和隐芽三种(图 7-4)。

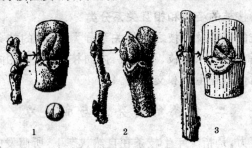

图 7-4 板栗的芽示意图
1. 花芽 2. 叶芽 3. 隐芽

(一)混合花芽

混合花芽,分完全混合花芽和不完全混合花芽两种。完全混合花芽,多数的品种在枝条的上端,芽体肥大、饱满,芽形钝圆,茸毛较少,外层鳞片较大。许多品种的中强枝条经短截或拉平后,中下部也可形成完全混合花芽,抽生结果枝。这一特性对利用修剪调节,增加结果枝量,有特别重要的作用。不完全混合花芽,一般着生在完全混合花芽的下部,或较弱枝条的顶端及下部,芽体略小,萌发后形成雄花枝。

(二)叶 芽

着生在枝条的中下部,芽体瘦小。多数品种的枝条不经短截,不萌发枝叶,或萌发成弱枝。

(三)隐 芽

芽体很小,着生在各类枝条的基部和多年生枝及树干上。这种芽一般不萌发,成休眠状态,潜伏力强,寿命长。经短截、缩剪、开张角度或树势衰弱及修剪过重后,可萌发成发育枝,如管理得当,翌年多可成为结果母枝。隐芽的这一特性,对整形修剪和更新复壮,有特别重要的作用。

四、板栗的生长与结果习性

(一)叶(芽)序排列

叶(芽)在枝条上排列的方式,称为叶(芽)序。板栗的叶序排列,主要有两种情况:一种是大部分为 1/2 叶序,就是芽整齐地排列在枝条的两侧,互生在一个平面上。另一种是有些品种,或是在幼树期,或是在枝条不同的生长时段,兼有 2/5 叶序,就是芽成螺旋状排列向四周放射展开,每节的芽和次节的芽在茎周相距 2/5 处着生。也即是两轮中有两个芽在同一侧着生。

芽的排列次序不同,所抽生出新梢的方向也不一样。板栗的叶序排列容易形成骨干枝对生、轮生和重叠,易形成三叉枝、四叉枝和平面枝,易使树冠中枝条多而紊乱。因此,整形修剪中必须明辨叶序,注意芽的位置和方向,以调整枝向和枝条的分布。

(二)叶　幕

叶幕,是指叶片在树冠内的分布区域;树冠的形状与体积,也是叶幕的形状与体积。依树形的不同,栗树叶幕一般分为平面形、弯月形、半圆形和层状形四个类型。一般说来,半圆形和层状形叶幕较厚,是丰产的标志;而其他类型叶幕较薄,是低产的标志(图 7-5)。

(三)顶端优势

顶端优势,是指活跃的顶部分生组织或茎尖,常常抑制其下部侧芽的发育而言。枝条上的芽,在枝条上着生的部位不同,所发枝条的强弱、角度大小各异。其规律是:芽子位置越

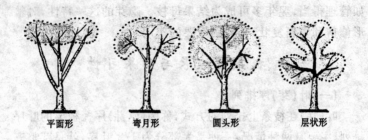

| 平面形 | 弯月形 | 圆头形 | 层状形 |

图 7-5　板栗树常见叶幕状态示意图

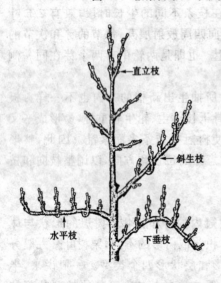

图 7-6　顶端优势与垂直优势示意图

直立枝
斜生枝
水平枝
下垂枝

高,生长越旺盛,分枝角越小,越直立;越是下部的芽子,生长势依次减弱,分枝角依次增大,越开张;最后部(基部)的数芽,则不萌发,成为隐芽(图 7-6)。

(四)垂直优势

在不同姿势的枝条上,直立枝的顶端优势表现最强,斜生枝较弱,水平枝更弱。在一个枝上,萌发力最强的是垂直位置最高的芽体(如斜生枝的上部)。随着垂直位置的变化,位置越低,萌发力越弱,如斜生枝的下部和下垂枝的先端。水平枝,如其上无其他枝遮荫,则各芽所生新梢大体相当。以上现象称为垂直优势。

在整形修剪时,利用和改变这种优势,可起到调节枝势和树势的作用。比如,对旺枝加大角度可削弱枝势;对弱枝抬高角度可增强枝势;对营养生长占优势的枝条,使其斜生、平生,甚至下垂,可促其向生殖生长(结果)方面转化。

（五）结果习性

在一般情况下,板栗结果母枝能够抽生结果枝的混合花芽仅为先端的1～3个。自此而下,则依次抽生雄花枝和弱发育枝。但是在冬季或早春修剪时,若将结果母枝适度短截,则其下部原未短截时本来不抽生结果枝,而抽生雄花枝或弱发育枝,甚至不萌发的芽,也可能转化而抽生结果枝。短截后抽生结果枝的概率和所坐总苞的多少,品种间差异较大。据笔者观察,金丰、石丰、沂蒙短枝、海丰和中果红皮油栗等品种,短截后抽生结果枝概率较高。这种习性对于利用修剪措施控制树冠,更新结果枝,非常有利(图7-7)。

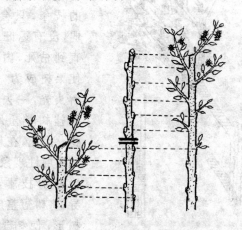

图 7-7　板栗结果习性示意图
左:短截后结果及发枝状　中:结果母枝　右:未经短截结果及发枝状

(六)层　性

随着树龄的增大,长枝增粗,弱枝死亡,主枝在树干上呈层状分布,即是层性。层性是顶端优势和芽异质性(即同一生长枝条上的不同部位的芽,存在着差异的现象)共同作用的结果。如前所述,板栗是喜光强的树种,顶端优势也强,发枝习性除表现为强烈的上强下弱外,强枝顶端的几个一年生旺枝,常形成势力相当的三股叉、四股叉等多股叉枝条,果农俗称其为"掌形枝"。在自然生长状态下,枝条就会形成类似1→3→9→27 的满天星分布现象。这是板栗枝条分布有别于其他果树的特点。如不加以控制,就会形成大枝拥挤、主侧不分、主辅不明的局面,生长在后部的枝条,只会越分越弱,没有返旺的可能,直到枯死,内膛光秃,使栗树成为"前头旺,后头光,一去不回头,果挂树梢上"的低产树。因此,在栽培中应利用层性现象,采用整形修剪技术,因势利导,将树冠整成分层的树形,使树冠通风透光,内外结果,丰产、稳产(图7-8)。

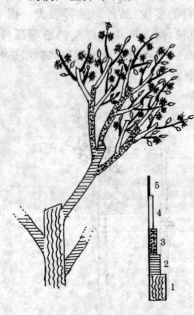

图 7-8　板栗枝条生长层性分布示意图
(右下图为生长年度标志)

第三节 板栗整形修剪的主要技术

一、冬季整形修剪技术

冬季整形修剪,应在萌动以前进行。其中长江以南地区,一般在1月中下旬;长江以北、长城以南地区,一般在二月份;较为寒冷的东北和北方沿海有倒春寒的地区,应适当推迟至平均气温稳定在1.5℃左右时进行。修剪过后,芽子被过早打破休眠,进入芽内发育阶段,耐寒力降低,此时如遇低温,芽体则易受冻害。

(一)短 截

短截,即剪去1年生枝条的一部分。按照截留枝条的长度,短截可以分为轻截、中截、重截和极重短截四种(图7-9)。

1. 轻短截 轻短截是短截中最轻的一种,即仅剪去枝条的顶端部分,剪口下留饱满芽。板栗初果期及盛果期中等偏旺树上的中强发育枝、雄花枝及结果枝,往往会在顶端萌生出一段秋梢。与

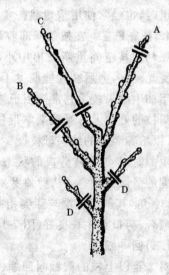

图7-9 短截示意图
A. 轻短截 B. 中短截
C. 重短截 D. 极重短截

春梢段比较,秋梢充实度和芽子饱满度均较差,在冬剪中一般应将秋梢部分剪除。

2. 中短截 在枝条的中部约1/2处短截。在幼树期主枝延长头的修剪中,和成龄树利用冠内有较大生长空间的徒长枝培养结果枝组时,经常使用中短截。

3. 重短截 在枝条的中下部约2/3处,剪去枝条的大部分,剪后发枝势力强于原枝。重短截可以降低发枝部位,减少发枝量,减缓冠幅的过快扩展。在板栗结果母枝的修剪中,当母枝过多时,为了使其交替结果和控制树冠扩张,常对结果母枝在基部节进行重短截。

在成龄树上,利用冠内有一定生长空间的徒长枝,培养结果枝组时,也经常使用重短截。

4. 极重短截 在枝条基部剪截。常常是为了疏除明枝,而又想利用其空间重新发出中小枝,培养成小型结果枝组。只要受光良好,剪后往往能萌发1～2个生长中等的发育枝,于翌年抽生结果枝。它常被用于树冠内膛多年生枝上萌生的过多弱枝的处理上。对顶端掌形枝中的弱枝,也常进行极重短截,以培养翌年的结果母枝。

短截时,1年生枝剪口的状态,对剪口芽发枝影响很大。最合理的剪截方法是:从剪口芽对面下剪,剪口向芽尖倾斜25°～30°角,其斜面上端与芽尖相齐或略高。这样,剪口伤面易于愈合,剪口芽生长良好(图7-10)。

(二)回 缩

对2年以上枝的剪截叫回缩(也称缩剪)。当枝条冗长、生长势衰弱、密挤时,常用回缩方式进行修剪。它是成龄树修剪中最常用的方法之一。由于回缩时去枝量多,对树的影响大,所以回缩时应分年度分批进行。一次回缩的枝量所占全

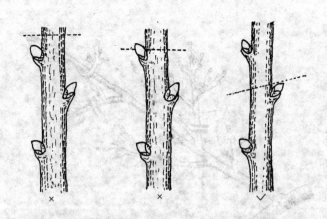

图 7-10 短截时剪口位置与角度示意图

左：剪口太平,离芽太远　中：剪口离芽太近　右：正确

树总枝量的比例,除树形改造、高接换优和衰老树更新外,一般不要超过 15%。

回缩在板栗的整形修剪中,经常用在以下五个方面:

1. 结果枝组的回缩

对枝势转弱、枝轴下垂的枝组,回缩于中、后部分枝处,以复壮枝组势力,促进形成中、小结果枝组。

对冗长、枝轴过高、体积过大的枝组,在枝组的中、下部进行回缩,以复壮枝组势力,使枝组保持紧凑状态。

在枝组密度较大时,应将最大枝组在下部回缩,以改善光照,使周围枝组得以发展(图 7-11)。

2. 辅养枝的回缩

着生在中央领导干和各主枝上的辅养枝,起着早期结果和辅养树体的双重作用。随着主枝及其上侧枝和结果枝组的扩展,层内、层间的枝叶量增加,光照条件恶化。此时辅养枝的存在就影响了主枝的生长和结果,则应根据实际情况,将其

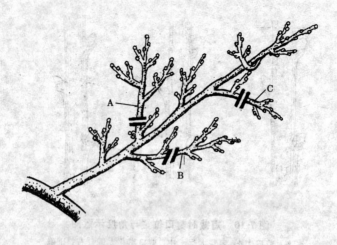

图 7-11　结果枝组回缩示意图

A. 体积过大枝组　B. 冗长枝组　C. 下垂枝组

回缩至有空间处,在其无存在必要时,再将其从基部疏除,以改善光照和有利于主枝的扩大和枝组的培养(图 7-12-3)。

3. 调整主枝腰角时的回缩

在主枝延伸的过程中,由于受着生部位、周围枝的生长状况、结果多少及基角大小等综合因素的影响,有的合抱向中央生长,有的水平或下垂生长。出现这类情况,应采用回缩的方法,及时调整,以保持其斜生延伸的姿态(图 7-12-1,2)。

4. 树冠落头回缩

对中心干落头后继续延伸的枝条,只要对其下部主侧枝的生长暂无影响,可利用其顶端优势,采用摘心、拿枝和环剥倒贴皮等技术,促生分枝,待结果 1~2 年后,再落头,以降低高度,紧凑树冠(图 7-12-5)。

5. 下垂枝的回缩

有些生长在树冠中下部位的大枝,由于受光较差和连年

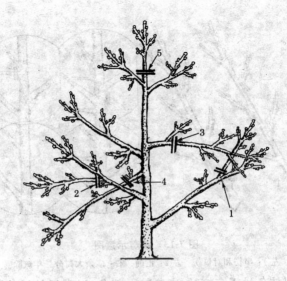

图 7-12　回缩技术应用示意图

1. 降低主枝腰角　2. 抬高主枝腰角　3. 辅养枝回缩

4. 下垂枝回缩　5. 中心干延长头回缩

只在顶部结果,又受果实下坠影响,逐年下垂,因而枝势渐衰。对于这类枝,应在受光相对较好、角度适中又有侧生分枝的多年生枝处回缩(图 7-12-4)。

(三)疏　剪

把一年生枝或多年生枝从基部剪掉或锯掉的修剪方法叫疏剪,也称疏枝。一般用于疏除干枯枝、病虫枝、没有利用价值的徒长枝、竞争枝、衰弱下垂枝、密挤的交叉枝、重叠枝、并生枝和影响整体的内向枝等(图 7-13)。

1. 一年生枝的疏剪　幼树上枝量不多时,较少使用疏剪手法。当一年生枝出现并生、重叠和交叉等现象时,应首先用撑、拉等方法,使其变向,并摘心促其早结果,以后再择机疏

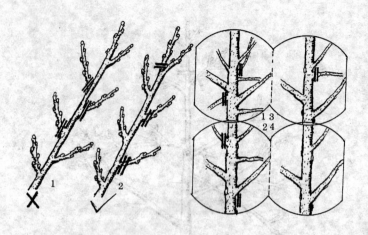

图 7-13　疏剪示意图

左 1：串伤和对口伤　左 2：正确　右：多余大树分三年疏除

除。但枝条过于密挤时,应疏剪一部分,以利于幼树整形、培养结果枝组和改善光照。对幼树上必须疏除的枝条,为了保证骨干枝的生长优势,应尽量避免在延长枝头附近造成对口伤或串伤,以利于树冠的正常扩展(图 7-13 左图 2)。

2. 多年生大枝的疏除　对中心干上多余的大枝,应分年度疏除,以改善光照,促进主枝的生长发育。在疏除时,要逐年解决,不能操之过急。一般应先疏除主枝下面的重叠、交叉枝,再疏除其他枝(图 7-13 右图)。

在大枝的疏除中,还应注意当年不要造成对面伤。疏除大枝时伤口面积要小,伤口的上部与母枝平,下部微突起,略显倾斜状。这样,伤口愈合既快又好。若伤口过平,则伤口面积大,不利于愈合。疏枝留桩过长,不仅难以愈合,而且会引起腐烂。在疏除大枝的操作中,若锯法不当,则往往发生劈裂,形成更大的伤口。为防止造成劈裂,一般应先从枝背下锯一伤口,然后再由枝背上方向下锯。也可以在大枝背下的适当部位,由下向上锯断一半,然后再由上方向下锯。

大枝锯除后,伤口面积大。为防止水分由伤面蒸发和病虫害入侵,预防腐朽,可先用刀将锯口削至光滑,然后涂抹伤口保护剂,并用塑料布包裹保护。

二、生长季整形修剪技术

生长季修剪,又称夏剪。具有缓和树势、控制树冠的无效生长、促进雌花形成、增强光合效率和调整枝的比例与方向等独到的效果,尤其对幼旺树效果更为显著,是冬季修剪所不能替代的。两者应密切配合。板栗树夏剪的内容,主要包括拉枝、疏芽、摘心、疏雄、疏苞和环剥倒贴皮等。这在花果管理一章中已有详述,故此处不再重复。

第四节　板栗的主要树形及整形修剪技术

板栗整形修剪常用的丰产树形,有自然开心形、变侧主干形和小冠疏层形。最近几年,许多地方试用自由纺锤形,也取得了早实、丰产的好效果。

一、自然开心形

(一)树体基本结构

主干高 30～50 厘米。不留中央领导干,全树有主枝三个,均匀伸向三个方向,各主枝相互间距 20～25 厘米,基角开张 60°左右。三个主枝的角度自下而上逐枝稍减。各主枝着生侧枝 2～3 个,侧枝间距保持为 50～60 厘米,错落间隔。侧枝开张角度稍大于主枝的开张角度。树冠高度控制在 2.5 米左右(图 7-14)。

(二)整形要点

1. 第一至第二年的工作

(1)定干 当年嫁接的苗木,由接穗抽出的新梢长至 30 厘米左右时,摘心定干。直接定植良种嫁接苗者,在 50～60 厘米处剪截定干。

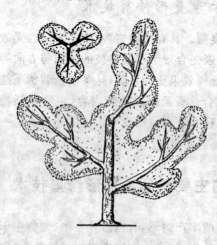

(2)培养主枝 从发出的新枝中,选直立旺枝作中心干延长枝,斜生枝作第一主枝。中心干延长枝长至 25～30 厘米长时再摘心。从第二次摘心后发出的新枝中,选距离、方位角合适的枝作第二主枝。中心干延长枝继续向上延伸,不再摘心。各枝当年生长量如达到 80 厘米左右时,则在翌年早春修

图 7-14　自然开心形树体结构示意图
(左上为顶视图)

剪时,将第一、第二主枝拉枝开角,并将中心干延长枝,拉至合适的方位和角度,作第三主枝。如当年生长量达不到 80 厘米时,则暂不拉枝,而将延长头中短截。待主枝长至 1 米左右时,再在生长季节拉枝。要注意在主枝距主干 50～60 厘米处,利用自然萌生枝,或刻芽,或摘心,培养第一侧枝。对抽生于中心干和主枝上的主、侧枝之外的枝,只要有空间,就予以保留,并摘心促生分枝,使其早结果。待无空间时,再及时

疏除。

2. 第三至第五年的工作 对已选定的主枝,各年度冬剪时需对其延长枝截去一年生枝的 1/3～1/2。夏季在适当部位摘心,选留各主枝的 1～3 侧枝。板栗的大枝,有抱合向中央生长的特点。因此,应采用撑、拉等方法,使腰角保持其正常的轨迹延伸。

对已选定的侧枝,冬剪时对其延长头在饱满芽处轻短截。夏季采用撑、拉、捋等方法,将侧枝角度开张至比主枝角度大 10°左右;侧枝长至 30 厘米左右时,进行摘心,促生分枝,培养结果枝组。

对主侧枝之外的辅养枝,采用摘心和拉枝等方法,促生分枝,促进其早结果,多结果。当其影响到主侧枝的生长时,要及时回缩,直至无生长空间时将它疏除。疏枝要分年度进行,以免一年中造成大量伤口,削弱树势。疏枝时,要避免对口伤和串伤。

经过 4～5 年,板栗树已达到目标树形,进入成年盛果期,即应按照成龄树的修剪方法,逐年进行修剪,调节树势,稳定产量,延长其丰产期。

二、变侧主干形

(一)树体基本结构

主干高 50～60 厘米,有中央领导干。全树有主枝四个,在中央领导干上错落着生,一层一枝,向四个方向延伸。各主枝间距 40～50 厘米,主枝基角开张角度为 60°左右。每个主枝留侧枝 2～3 个,第一侧枝距中央领导干 60 厘米左右,第二侧枝距第一侧枝 50 厘米左右。树冠高度为 3～3.5 米。树形基本成型后,逐年落头开心(图 7-15)。

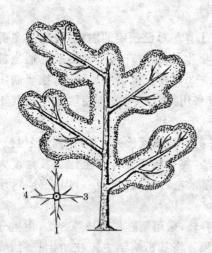

图 7-15　变侧主干形树体结构示意图
（顶视图中 1，2，3，4 为主枝排序）

(二)整形要点

1. 第一年的工作

(1)定干 于苗木 55～65 厘米处短截或摘心定干。

(2)中心干延长枝的选留 从剪口下抽生的几个强枝中，选直立强壮的做中心干延长枝。第一年冬季修剪时，在其 60 厘米处短截。

(3)主枝的选留 选角度大于中心干延长枝角度的生长次强的作第一主枝的延长枝。建在梯田、坡地的栗园，第一主枝应选在斜坡的下方。当第一主枝长至 80 厘米以上时，第一年冬剪时拉枝开角，在 65 厘米处短截，促生第一侧枝。

(4)对其他枝的处理 对萌生的其他分枝，一般不动，以增加幼树的枝叶量。待长至 30 厘米左右时摘心；与主枝延长枝竞争的，拉向其他有位置的空间并摘心，促其早结果。

2. 第二年的工作

(1)中心干延长枝的选留 将短截后第一芽发出的旺枝，作中心干延长枝。冬剪时，在中心干延长头的 60 厘米处短截。

(2)主枝的选留 于距第一层主枝 50 厘米处，选与第一层主枝方向相反的枝作第二层主枝，冬剪时对其拉枝开角。

(3)侧枝的选留　在主枝距中心干 50～60 厘米处,选侧生枝作第一层主枝的第一侧枝。主枝延长枝当年新梢长至 65 厘米左右时摘心,在第一侧枝的相反方向选留第二侧枝。如当年生长不够摘心长度,可于第二年冬季修剪时,在 60 厘米处短截。

(4)结果枝组的培养　侧枝长至 50 厘米左右时开角,角度比主枝角大 10°左右,并摘心,促生分枝,培养结果枝组。

(5)对其他枝的处理　其他分枝的修剪原则,与上年度相似。已经结果尚有空间的,继续促其结果,对下部的细弱枝可疏除。

3. 第三年的工作　第三年,在距第二主枝上 50 厘米左右处,与第二主枝呈 90°角的中心干上,继续选留第三主枝、第一主枝的第二与第三侧枝和第二主枝的第一侧枝。其他分枝的修剪原则与上年相似。

4. 第四、第五年的工作　第四年选留第四主枝和第二主枝的第二、第三侧枝,第三主枝的第一和第二侧枝,第四主枝的第一侧枝。第五年时,主侧枝已基本形成。以后,即按成形树进行年度修剪。

三、小冠疏层形

(一)树体基本结构

主干高 40～50 厘米 ,有中央领导干,全树主枝 5 个。其中第一层三个主枝,主枝基角 60°左右,方位角 120°,层内距 15 厘米左右;第一层主枝有侧枝两个,侧枝间距 50～60 厘米,错落间隔着生,侧枝开张角度大于主枝 10°左右。第二层主枝两个,基角 55°左右,层内距 15 厘米左右,第二层第一主枝与第一层第三主枝的间距 100 厘米左右;第二层主枝各留

1～2 个侧枝。树冠高度控制在 3 米左右。该树形是中等密度板栗园最常用的树形之一（图 7-16）。

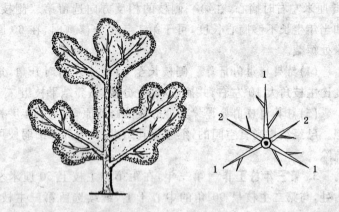

图 7-16　小冠疏层形树体结构示意图

(右图为顶视图,1,2 为主枝层次)

(二)整形要点

1. 第一年的工作

(1)定干　定干高度为 60～70 厘米,可通过摘心或剪截定干。在剪口下选一直立新梢作中央领导干延长枝。

(2)主枝选留　在板栗树中心干延长枝距地面 60～110 厘米的整形带内,采用摘心、剪截或刻芽等方法,培养第一层主枝的三个主枝,主枝方位角约 120°,间距 15～20 厘米。冬剪时,主枝长度如已达到 80 厘米以上时,应拉枝开角,并在 70 厘米处剪截。不足 80 厘米者,暂不开角,只在 70 厘米处剪截,以促发第一侧枝。如第一年培养不足三个主枝,可于第二年在剪截后的中心干延长枝上继续培养。

(3)对其他枝的处理　对主侧枝以外的新梢,达到 30 厘米左右时摘心,促其分枝,尽早结果。

2. 第二年的工作

(1)中心干延长枝的选留　在生长季节,选一直立生长的新梢作中央领导干延长枝。

(2)主枝的选留　在板栗树中心干延长枝距第一层主枝的第三主枝 100 厘米左右时,及时摘心,以促生第二层主枝。如果在生长季的生长量达不到此长度,则可于冬季修剪时,在饱满芽处轻短截。

(3)侧枝的选留　于生长季节,在第一主枝的延长枝距中心干 60～70 厘米处摘心或剪截,选留第一侧枝。主枝继续延伸,于第一侧枝的相反斜侧方向距离第一侧枝 50～60 厘米处,选留第二侧枝。并选留第二主枝的第一、第二侧枝和第三主枝的第一侧枝。冬剪时,对延长头进行中短截。

(4)结果枝组的培养　当侧枝长至 50 厘米左右长时开角,角度大于主枝基角 10°左右。同时摘心,促生分枝,培养结果枝组。冬剪时,在饱满芽处轻短截。

(5)其他枝的短截　对生长在中心干、主枝上的其他辅养枝,只要不影响主、侧枝的生长,就及时摘心,或拉向有位置的空间,促其及早结果。

3. 第三年的工作

(1)中心干延长枝的选留　选一直立生长的新梢,继续培养中央领导干。冬剪时,视中心干的长度剪截,一般可行中短截。

(2)主枝的选留　在距第一层第三主枝的 100 厘米处,于萌芽前选一方向合适的芽刻芽,培养第二层主枝的第一主枝(全树的第四主枝)。如上一年生长达不到层间距 100 厘米的长度,则在生长季节摘心,促生培养全树的第四主枝。当摘心后中心干延长头再长至 30 厘米左右时,再摘心,以促生第二层主枝的第二主枝(全树的第五主枝)。冬剪时,对主枝延长头在距第二侧枝的50～60厘米处剪截。

(3)侧枝的选留 继续培养第一至第三主枝上的第一、第二侧枝,开张侧枝角度。同时,注意选留培养第四、第五主枝上的侧枝。

(4)结果枝组的培养 当各主枝上的侧枝长至50厘米左右时,及时摘心或剪截,促生分枝,培养结果枝组。

(5)其他枝的处理 生长在中心干及主枝上的辅养枝,此时一般均已结果。冬剪时如有生长空间,可继续保留让其结果;如影响主、侧枝的生长,视影响的程度回缩或拉枝转向。无生长空间时,应及时疏除。

4. 第四、第五年的工作

(1)中心干延长头的修剪 当主枝已配置齐全,树体结构已达到预定目标时,为了优化树冠内膛的光照条件,在进入大量结果之前,对中心干延长枝要落头开心。落头开心的方法,可先行环剥倒贴皮,待结果1～2年后再落头。

(2)主枝的修剪 当第四、第五主枝的侧枝配置齐全后,对主枝延长头采用交替短截、回缩的方法,保持主枝长度的相对稳定,防止行间树冠交接。具体而言,如定植行距为4米,树冠高度为2.5～3米,则冠幅为3.5米左右,即主枝长度保持在1.75米左右。对主枝的腰角和梢角,要及时调整,防止其抱合生长,封闭光路,造成内膛衰弱。

(3)侧枝的修剪 对侧枝上的结果枝组,要交替短截和回缩,防止其过高而影响光照和上一层枝的生长。

(4)对其他枝的处理 对生长在中心干、主枝及侧枝上的临时性结果枝组,将影响上下光照的,回缩到不影响处;无存在必要时,要及时疏除。

四、纺锤形

(一)树体基本结构

主干高40~50厘米,有中央领导干,全树有骨干枝7~8个,从主干往上螺旋式排列,间隔30厘米左右,插空错落着生。同方位上、下两个骨干枝的间距为1米左右,骨干枝与中心干的夹角为80°左右,在骨干枝上直接着生结果枝组。树高控制在3米左右。此树形适合于密植栽培,密度行距3~4米,株距1.5~2.5米的园地可选用此形(图7-17)。

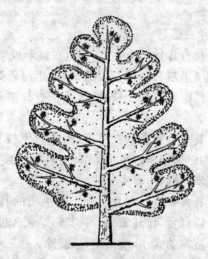

图7-17 纺锤形树体结构示意图

(二)整形要点

1. 第一年的工作

(1)定干 定干高度为70厘米左右,可通过剪截或摘心定干。

（2）中央领导干及骨干枝的培养　板栗树的新梢萌发后，选一直立旺枝作中央领导干延长枝。在其下距地面 50 厘米左右处，选一饱满芽刻芽，促其萌发生长成第一骨干枝。当中心干延长枝长至 50 厘米左右时摘心，促发第二骨干枝。当新梢停长时，如骨干枝长度已长至 1 米左右，可将其拉至 80°角左右，使其近于水平生长，抑制其加长生长，以促进各部芽子的充实，为翌年选留结果枝组做准备。冬季修剪时，对中心干延长枝选在预留第三骨干枝的部位剪截。对骨干枝于树液流动至芽萌动前，在距中心干 50 厘米处，选饱满芽刻芽，以促发结果枝组。

2. 第二年的工作

（1）骨干枝的选留　于生长季节，在整形板栗树中心干延长枝长至 50 厘米左右时摘心或剪截，促生培养第三骨干枝。冬季修剪时，在距第三骨干枝 50 厘米左右处剪截，以促发第四骨干枝。

（2）结果枝组的培养　在第一、第二骨干枝上，应保持已选定的永久性结果枝组的生长优势。当抽生的结果枝组在长到 30～40 厘米时摘心，促生分枝。

（3）其他枝的处理　对骨干枝上抽生出的其他临时结果枝，一般要予以保留，让其结果。待其影响永久性结果枝组生长时，再根据空间的大小，或回缩，或疏除。第三、第四骨干枝长度达到 80 厘米时，通过撑、拉开角，并在萌动前刻芽，促发结果枝组。

3. 第三至第五年的工作　第三至第五年，骨干枝及结果枝组的选留方法与第二年相似。即在一般情况下，每年选骨干枝两个；在骨干枝上，每隔 50 厘米左右，选留一永久性结果枝组；骨干枝达到预定长度时开角，基部骨干枝基角为 85°左右,中部骨干枝基角为 75°左右,上部骨干枝基角为 75°左右。

经过 4～5 年,树冠及树形已基本达到预定的结构,可在 3 米左右处落头,使树体保持上弱下强、上小下大状态。保持株间、行间的冠距。当株间空间不大时,要及时控制各骨干枝的延长头。要做好有害枝的疏除工作。对中央领导干的竞争枝、骨干枝上影响结果枝组生长的枝、内膛徒长枝、重叠枝及已经结果但无生长位置的枝,要及时疏除。对结果后已下垂的枝,应视具体情况回缩或疏除。

培养纺锤形树形,要特别注意保持中央领导干的直立生长,否则就难以整形。然而在板栗树的生长中,往往出现自然弯头。当出现此类情况时,应采用拉直或立支柱绑直的方法,予以矫正。

对中心干上的竞争枝,应采取疏、截相结合的方法,及时处理。

五、结果枝组的培养要点

板栗是喜光树种,顶端优势强,壮枝结果,结果母枝主要分布在延伸轴的顶端,内膛易光秃;同时,板栗的结果枝和单纯雄花枝,都有一段"盲节"。在自然生长状态下,树冠延伸速度快。单侧枝延伸长度,幼树期每年为 25～35 厘米,盛果期成龄大树,每年为 15～20 厘米。

板栗树一旦进入盛果期,枝组的构建就成为越来越重要的问题。它在很大程度上影响到产量和质量,也影响到树势的稳定性。因此,对板栗树不论选用哪一种树形,都要在建设良好的枝组系统上下功夫,而且要坚持始终。在培养枝组时,要根据板栗树的特点,采用合理的技术措施,才能培养出敦实、健壮、紧凑和合理的枝组。在构建枝组的具体操作中,主要应掌握以下五点：

第一，根据所选用树形的结构，要减少大枝数量，开张角度，打开层间距离，为枝组的生长创造条件。具体技术参数，可参照各树形的基本结构。

第二，要用连截法，加速培养枝组。即采用夏剪和冬剪时轻、中、重短截相结合的方法，培养结果枝组。

第三，板栗树结果枝组的姿势，应以斜生为主，尽量避免下垂。

第四，板栗树结果枝组的密度与分布要适当。板栗幼树期枝量较少，每米主枝上选留1～2个枝组较合适。随着树龄的增加，在盛果期每米主枝可增加到3～4个枝组。板栗树枝组在主枝上的分布区域，靠近中心干的部位要稀，每米1～2个；主枝中部稍密，每米3～4个；主枝顶部最密，每米5～6个。

第五，要控制大枝组的数量。内膛大枝组遮光严重，应加以控制。在枝组总量中，一般大枝组的数量不要超过20%，中、小枝组的数量要占80%～90%（图7-18）。

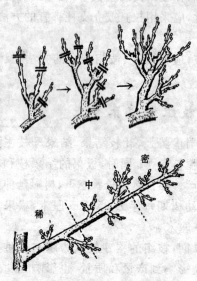

图7-18　连截法培养结果枝组（上图）和枝组分布（下图）示意图

第五节 树冠成形后的冬季整形修剪

一、整形修剪的程序

板栗冬季整形修剪,工作量大,技术要求较强。为了提高修剪的质量和速度,减少失误,在实际操作中一般分为八个步骤进行。

第一步:辨认品种。其目的是根据品种的特性合理进行修剪。

第二步:判断树势和调查结果母枝量。其目的是根据树势的强弱,确定修剪的程度;根据结果母枝量的多少,设定产量目标,确定母枝的剪留数量。

第三步:调整树体结构。其目的是按照既定树形的结构要求,调整主侧枝的数量、角度、方位和长度,理顺从属关系。

第四步:处理害枝。其目的是对密生、交叉、竞争和重叠等枝条,根据其着生部位的空间大小,予以疏除,或变向或回缩。

第五步:剪截中心干、主枝和侧枝的延长头。其目的是根据栽植密度和选用的树形,把树高、冠径控制在适宜的范围。

第六步:处理内膛发育枝。其目的是对大枝的光秃带所萌发的永久性枝组以外的发育枝,每20~30厘米剪留一枝,将多余的疏除或回缩。

第七步:修剪结果枝组和母枝。其目的是根据层间和空间,调整枝组的高度和间距;根据目标产量留足结果母枝量。同时,培养好下一年度的结果母枝。

第八步：检查复剪。以上七步完成后，仔细观察全树，对疏漏或处理不当之处进行复剪和调整。

二、树体结构的调整

树体结构的调整，贯穿于栗树的一生。重点应处理好三个关系：一是骨架与枝组的关系。做到"大枝(主、侧枝)亮堂堂，小枝(结果枝组)闹洋洋"。二是上层与下层的关系。做到骨干枝级次适中，角度开张，空间(层间距)分布成层，下大上小。三是外围与内膛的关系。做到内外势差强弱适当，防止外强内弱，内膛光秃。

(一)冠径的控制

冠径既要受树形的制约，又要受株行距的制约。较为合理的冠径要求是，在生长期行间应有 40 厘米左右的作业道，以使叶片充分受光和便于操作，株间可有 10% 左右的树冠交接。

(二)树冠交接的处理

为了防止树冠的过度扩展，应在行间将要接近交接之时，及时对主、侧枝延长枝上将要交接和已交接部分，进行交替回缩。对于由于回缩不及时，而造成严重交接的，可以回缩到多年生有接班枝的部位(图 7-19)。

(三)树冠偏斜的处理

1. 基部骨干枝缺失的处理　树冠成形后，由于强风袭击，或大枝因病害被锯除，或整形不当将枝劈折等原因，往往使基部骨干枝缺失，而造成树冠偏斜，不利于充分利用空间，影响产量。此种现象一旦出现，应采用培养新的骨干枝或用邻近辅养枝拉枝补空等措施，进行补救(图 7-20)。

2. 树体歪斜的处理　由于板栗幼树根系较浅，降雨后土

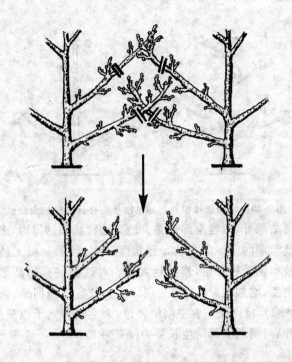

图 7-19　树冠交接时修剪示意图

壤湿软,一刮大风往往将幼树吹歪或吹倒。特别是我国东部沿海省份,由于台风加暴雨的危害,常常发生此类情况。对于这类被风吹歪或吹倒的栗树,要在雨后立即扶正、培土和踏实。如栗树歪斜未及时扶正,致生长一段时间树体已基本固定后,应根据歪斜的程度或状态,采用拉枝调整或重新培养新头的方法,加以矫正。

(四)树势不平衡树的处理

1. 树冠上强下弱树的处理　树冠上强,就像给树冠戴上了帽子,遮光严重,使下部光照恶化,骨干枝渐弱,严重时除外

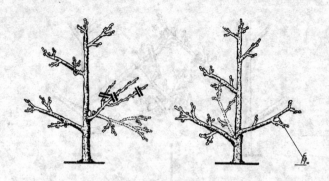

图 7-20　培养新枝和利用邻枝拉枝弥补骨干枝缺失空位

围少量结果外,内膛全部光秃。造成这种状态的原因,多因在幼树整形期间第一层主枝开张角度过大,且第一层主枝以上的主枝和辅养枝过密,修剪量太轻。对这类树应抬高第一层主枝角度,增加枝量;对第一层以上主枝应适当回缩,调整腰角;对辅养枝回缩至有空间的部位,无空间者则予以疏除,并落头开心,削弱上部的生长势力(图 7-21)。

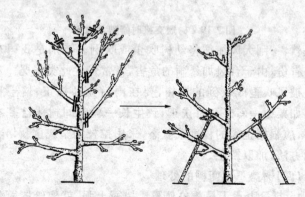

图 7-21　上强下弱树的处理示意图

2. 同层骨干枝生长势强弱差别太大枝的处理 骨干枝生长势强弱差别太大,多因在整形阶段开张角度差别大,或在结果以后留果量太不均衡,或修剪不当等原因所致。对于这类树应区别不同情况,采用撑、拉措施,抬高或开张角度,调节负荷量等方法,扶植弱枝,控制强枝(图 7-22)。

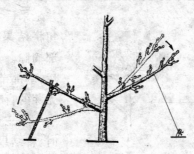

图 7-22　同层强弱悬殊主枝的处理

3. 外强内弱的处理 出现此类现象,多因骨干枝太多,枝距太近,层间距太小,角度开张不够,使内膛阳光不足,枝组失去了生长条件所致。也有的是因年年"清膛"修剪,内膛见枝就疏,人为所致。这类树应根据实际成因,采取有针对性的措施加以矫正。

(五)中心干延长头的处理

树冠成形并经过落头之后,在落头部位仍然会萌生新枝。对此类新枝,如处理不当,树冠会连年较快增高,从而影响下部光照,造成下部衰弱。对于这类树,除应及时落头开心之外,还可在中心干延长枝上培养一个不影响下部骨干枝和侧枝生长的中、小型结果枝组。在生长季节及时摘心,冬季修剪时不截或轻截于饱满芽处,使其多结果;结果后,将结果枝果前梢全部摘除。翌年冬季修剪时,再于基部重截。年年照此

进行修剪,树高则增长缓慢。经过几年的时间,再将该枝组重回缩。具体步骤分解如下:

第一步:对树冠落头后又萌生的新枝,于生长季节及时摘心。

第二步:上年摘心后生成的多级分枝,在其抽生结果枝并坐果后,于5月中下旬将结果枝果前梢全部摘除。这样,在落叶后,基部节以上均成为无芽的盲节。

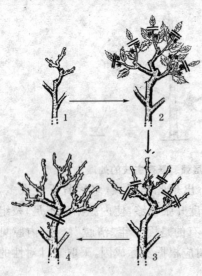

第三步:冬剪修剪时,将结果枝于基部节处留1~2芽后重短截。萌生新枝后,生长季节再及时摘心。

第四步:每年将结果枝重短截,可控制树冠过快增高,但仍会缓慢增长。经过3~4年,再将枝组重回缩至基部。如此反复,几年轮回一次(图7-23)。

图7-23 落头后顶部新生旺枝处理

1.顶部旺枝摘心 2.将果前梢全部摘除
3.冬剪时重短截 4.结果2~3年再回缩

三、结果母枝的三套枝修剪法

结果母枝的状况,是产量的主要依据。同时,它对控制树势、改善光照、合理负载和防止大小年,都有重要的作用。因此,结果母枝的修剪是修剪中首先要关注并解决的问题。

板栗的结果母枝,大部分都着生在一个延伸轴的顶端,数量为2～6个不等,一般呈掌形排列。

结果母枝的三套枝修剪,就是采用冬季修剪与生长季节摘心、剪截相结合的方法,使一部分母枝当年结果,培养部分枝于第二年、第三年结果,形成三套枝。

选留第一套结果母枝的方法是:首先要根据全园目标总产量,确定单株目标产量;然后选留2～4条结果母枝不剪,或轻截于饱满芽处,使其当年结果。选留时,弱树选留强枝,旺枝选留中庸枝(图7-24左)。

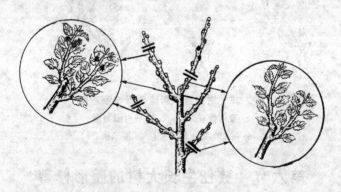

图7-24 选留当年结果母枝(左)和培养第二年母枝(右)示意图

培养第二套结果母枝的方法是:重截一部分结果母枝和发育枝。重截时,一般应选顶端枝和下端发育枝,对重截后抽生的新枝,在长至25厘米左右长时摘心(图7-24右);对单纯雄花枝,先疏去盲节以上腋芽,保留叶片,冬剪时从基部芽处短截;对果前梢留3～5芽后摘心,培养成来年的结果母枝。

培养第三套结果母枝的方法是:将结果枝中一部分枝的果前梢全部摘除,促其多坐果。冬季修剪时,对这部分枝从基部留 2～3 个芽后重截。截后第二年抽生的新梢,当它长到 25 厘米左右时,对它进行摘心,把它培养成第三套结果母枝。为控制树冠的过快延伸,果前梢全部摘除的枝一般应选在顶端(图 7-25)。

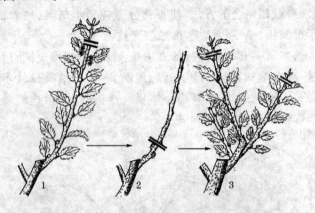

图 7-25　培养第三套结果母枝示意图

1. 果前梢全摘除　2. 冬剪时重短截
3. 第二年抽生的发育枝 25 厘米摘心

第六节　放任生长大树的整形修剪

目前,在板栗的栽培中从未整形修剪的大树,占有很大的比重。这类树从树龄与树冠大小上划分,大致可分为两类。其具体类别及整形修剪方法如下:

一、树龄十几年至几十年放任大树 的特点及其整形修剪

树高 5 米以上,骨干枝多达五至十多个,丛生,轮生,重

叠,交叉,内膛光秃,树冠外围小枝密集。树势大部分偏弱,少数中庸,极少有旺树,产量低而不稳。

这类树一经整形修剪,产量就会明显提高。在操作中,首先要对树形进行改造。放任生长的栗树一般无一定树形,改造树形和留枝时,应掌握"去直留斜,逐年压缩,随树作形"的原则。如改造成近似疏层形,可留主枝5～7个;如改造成近似变侧主干形,可留主枝4～5个;如改造成近似自然开心形,可留主枝三个。现以将图7-26-A改造成近似变侧主干形树为例,分解说明如下:

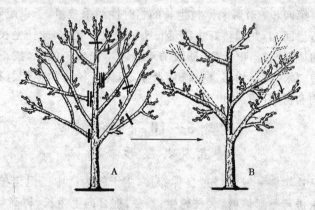

图7-26 10年生以上放任生长树整形修剪示意图

A. 原树冠状及分三年疏除多余大枝 B. 主枝开张腰角及培养侧枝和枝组

第一步:分三年疏除多余大枝。

第二步:调整腰角,培养侧枝和内膛结果枝组。采用撑、拉、坠等方法加大腰角;经开角和逐年疏除大枝后,内膛光照优化,隐芽会萌生新枝,疏枝部位也会抽枝。对这些内膛抽生的新枝,一般都应保留,并在其长至25～30厘米长时摘心,促生分枝,把它培养成结果枝组。对于原有的内膛纤弱发育枝和徒长枝,一般应予以保留,将位置适宜的改造成侧枝,其他的作临时性结果枝组,尽量促其多结果。

第三步:小更新和短截结果母枝。当顶端枝条出现鸡爪状或鱼刺状弱枝群、内膛已萌生出较多发育枝时,可在有接班延长枝的部位,将原枝头回缩。对新形成的结果母枝,可重截一部分,一般旺树可见三截一,见五截二,就是选择其中势力较强的枝,从基部留2~3芽重截。弱树可见二截一,见四截二,就是选择其中较弱的枝从基部留1~2芽重截。具体做法可参见本章"结果母枝的三套枝修剪法"的内容。

第四步:对影响侧枝生长的临时性结果枝组,予以疏除,或适当回缩,并调整好主枝延长头的角度。至此,放任生长大树的树形改造,以及主、侧枝的培养基本完成。此后,按正常修剪要求,每年均需进行修剪调整,以保持树体的丰产、稳产结构和树势(图7-26-B)。

二、树龄5~10年放任树的特点及其整形修剪

这类树一般已经过良种嫁接,主干较为适中。但定植后从未进行整形修剪,大枝轮生、重叠,抱合向上生长,树高4~5米,内膛光照很差,以致严重光秃,偶有纤弱发育枝,树冠外围有部分结果母枝,树势多数偏旺。在南方地区温暖多雨、土壤肥厚的栗园,此类树较为普遍。

对这类树的整形修剪,应着力于优化通风透光条件,缓和树势,促其转化为丰产树。在具体操作中,要综合运用落头,疏除多余大枝,选定主枝并撑、拉、坠开角,临时辅养枝拉平,发育枝摘心培养内膛结果枝组,主枝延长头回缩等技术,因树作形。

以图 7-27-A 为例,如欲将其逐步改造成类似纺锤形树,技术操作的主要内容大致可分以下三项:

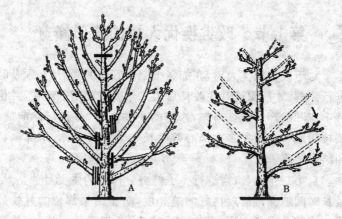

图 7-27　5～10 年生放任生长树整形修剪示意图
A. 原树冠状及分三年疏除多余大枝
B. 按近似纺锤形拉枝开角和培养枝组

第一项,落头开心,分年疏除多余大枝。在树高 2.5 米左右处落头开心,将多余大枝分三年疏除。

第二项,在第一年于落头开心和疏掉第一批大枝操作之后,即采用撑、拉、坠等方法,将下层主枝开角(基角或腰角)至 85°左右,中、上层主枝开角至 75°左右。将计划于第二批、第三批疏除的大枝,均调整至 90°角左右,并采用促花、促果措施,尽量促其多结果。

第三项,培养主枝上的结果枝组和调整主枝延长头。纺锤形树上的结果枝组,直接着生在主枝上,枝组应选择侧生枝,每隔 25 厘米左右留一个,错落排列。对主枝延长头,按全树主枝长度上小下大的原则,对过长者适当回缩。并逐年调整延长头,以保持主枝自然斜生状态。至此,10 年生以下放任生长树的树形改造及结果枝组的培养即告完成。以后每年按该树形的结构要求及目标产量,进行修剪调整(图7-27-B)。

第七节　改劣换优大树的整形修剪

对于改劣换优大树,在加强土肥水管理的同时,必须及时进行修剪,才能保证其在改良后第二年就有相当的产量,并保持丰产和稳产。改良当年,修剪的主要内容,是进行除萌蘖、架枝防风和生长期多次摘心等生长季节修剪工作,培养侧枝和结果枝组。

自第二年起,就需进行冬季修剪。修剪的主要目的是,尽量长时间地保持树冠良好的透光度,防止结果部位的过快外移。修剪的主要方法,在改良后的2～5年间,类似于密植园的幼树期,主要是短截和疏剪。结果母枝按"三套枝修剪法"调节。发育枝达到30厘米以上的,在饱满芽处短截。雄花枝顶芽不饱满的,于基部芽处重短截。5年以后,要对改劣换优板栗树的高大结果枝组,进行回缩更新,防止其长成树上树。对密生枝组也要适当疏除。

第八章 综合防治病虫害是
提高效益的保障

随着板栗生产的发展,病虫害的种类和发生面积,也在不断增加。至今已发现危害板栗的病虫害约有 280 种。其中病害 29 种,危害严重的 3～4 种;专性和兼性危害板栗的虫害约 250 多种,其中危害严重的 10 多种。有些病虫害的流行和暴发,给板栗生产造成很大的损失。据植保专家调查分析,由此造成的减产在 20% 左右。

第一节 认识误区和存在问题

在板栗病虫害防治中,存在着很多亟待解决的认识误区和问题。

一是重治轻防。预防为主,控制发病,抓住关键期,是防止病虫害的基本原则。而许多栗园往往是到发病中后期再治,则为时已晚,难以控制病虫的发展。

二是过度依赖化学合成药物防治,轻视非药物防治措施。随着科学技术的发展和人类自身防护意识的增强,采用农业防治、物理防治和生物防治措施,生产绿色和有机食品,已成为国内外果品生产的主流。使用化学合成农药的残留量超过规定标准的食品,已越来越多地被市场拒绝而淘汰出局。

三是误认为用药量越大,效果越好。任意加大用药量,甚至置国家规定于不顾,使用早已禁用的高毒、高残留农药,走入了加大用药量→害虫抗药性增强→再加大用药量→药害增加、害虫抗药性更强的恶性循环。造成人、畜中毒、环境污染与破坏生态平衡的事件屡屡发生。

四是误认为农药混用种类越多效果越好。常将多种农药混配，本想一次治多虫，但因同性混用等同于加大剂量而导致药害，酸碱性不同的药剂混用相互中和而降低药效或形成不溶物，有害无益。

认真贯彻"预防为主，综合防治"的植保方针，应以预防为主，充分利用自然界的有利因素，创造不利于病虫害发生的环境，把农业、生物、物理、化学防治和检疫等手段，有机地结合起来，经济、有效、安全地把病虫害控制在经济危害水平以下，才能达到保护人畜健康和增加产量，提高质量和效益的目的。

第二节　板栗病虫害非药物防治方法

一、农业防治

就是利用农业栽培技术措施，有目的地改变某些环境因子，直接或间接地避免或减少病虫害的繁殖和蔓延，达到减轻或消灭病虫害的目的。如加强以土、肥、水管理为基础的综合管理，增强树势，提高树体对病虫害的抵抗力；避免造成树体伤口，减少病虫侵害机会；在北方地区进行冬季深翻，冻死越冬害虫；进行清园和刮树皮，清除越冬虫卵、虫蛹；利用修剪的机会，剪掉残留的空苞、枯枝和架在树上的"鸟蛋"（刺蛾虫茧），除掉介壳虫的枝条等。

二、物理防治

利用简单器械和光、热、电、温湿、放射能来防治病原物和害虫,达到抑制其生长繁殖,消灭病虫害的目的。如利用糖醋液、灯光诱杀虫害;夏季在树干上绑草把,11月份把草把取下烧毁,诱杀越冬幼虫;摘除卵块,找挖虫蛹;利用成虫的假死性,振落成虫,予以人工捕杀;人工或机械除草;推广性诱剂及微波、激光、粘虫胶治虫;利用高分子膜保护枝干;用高频辐射、红外线辐射和射线使害虫不育等。

三、生物防治

利用寄生性、捕食性天敌或病原微生物,以虫治虫,以菌治虫,以昆虫激素治虫。板栗的虫害大多数都有一定的天敌,如红蜘蛛的天敌小黑瓢虫、六点蓟马、草蜻蛉、小花椿象和异色瓢虫;栗瘤蜂的天敌长尾小蜂;介壳虫的天敌黑缘红瓢虫;栗实蛾的天敌松毛虫赤眼蜂;金龟子的天敌黑土蜂和寄生菌;桃蛀螟的天敌姬蜂等,都应加以保护。在栗园施药防治病虫时,要使用生物农药或有限度的使用化学农药。

在缺乏有效天敌的地方,可以引进优良天敌,控制当地的病虫害。如美国的西方盲走螨,对害螨有较好的控制效果;引入澳洲的瓢虫,对防治介壳虫也获得成功;人工饲养赤眼蜂,防治卷叶蛾等(图8-1)。

四、植物检疫

植物检疫,是国家主管部门通过法规的形式,控制有害生物传播蔓延的防治方法。具体的形式是在调运种子、苗木、接穗和果实时,严格检查其中危险性病虫害的种类,以防止传播至新区。国际上及国内各省、市、自治区,有各自的检疫对象。就板栗而言,除栗疫病列为国内检疫对象外,板栗发展新区,一些危险性病虫或当地尚未发现的病虫都应该属于检疫的对象。

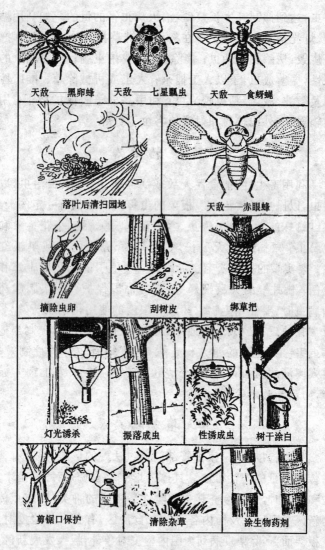

天敌——黑卵蜂　　天敌——七星瓢虫　　天敌——食蚜蝇

落叶后清扫园地　　天敌——赤眼蜂

摘除虫卵　　刮树皮　　绑草把

灯光诱杀　　振落成虫　　性诱成虫　　树干涂白

剪锯口保护　　清除杂草　　涂生物药剂

图 8-1　板栗病虫害非药物防治部分方法

五、国外非药物杀虫新技术

(一)机械灭虫

美国加利福尼亚州一家农产品公司发明了一种巨大的吸虫器，通过一条滚动的管道，把害虫吸入后碾碎，然后把害虫变成肥料施在地里。

(二)气味灭虫

模拟雌性害虫的气味，以吸引雄性害虫。这一气味一旦在某一区域大量散发，便能扰乱害虫的整个繁殖过程。

(三)超声波杀虫

美国研制出一种只有普通香烟盒大小的超声波杀虫器，它能发出 2.5 万赫兹声波，可以有效地杀灭 3 米范围内的蛾、牛虻、蚊和蝇等虫害。

(四)电脑治虫

日本应用电脑，预测半个月后的柑橘叶虱虫情，防治稻瘟病和稻飞虱等病虫害。美国纽约在果园使用电脑对虫害进行综合防治，所用杀虫剂减少 5%，杀菌剂减少 27%，施药次数由 12 次减为 5 次，大大提高了经济效益和生态效益。

(五)激光治虫

美国学者研究发现，用激光照射蚊类和螨类害虫，能将其杀死或使其不育。

第三节　生产板栗绿色食品和有机食品的农药使用准则

一、禁止使用的农药

板栗的病虫害防治用药，必须严格按照《中华人民共和国农业行业标准（NY/T 393—2000）绿色食品·农药使用准则》及 GB8321·1 至 GB 8321·5 农药使用准则国家标准的规定执行。只有这样，才能保证所生产的栗实，符合国家规定的安全卫生标准。

生产 AA 级绿色果品及有机果品，禁止使用有机合成化学杀虫剂、杀螨剂、杀菌剂、杀线虫剂、除草剂和植物生长调节剂，以及混有有机合成农药的生物源农药与矿物源农药。同时，严禁使用基因工程产品及制剂。

生产 A 级绿色果品，严禁使用高毒、高残留农药防治贮藏期病虫害。严禁使用基因产品及制品。严禁使用剧毒、高毒、高残留或具有致癌、致畸、致突变的农药。包括滴滴涕、六六六、林丹、艾氏剂、狄氏剂、甲氧滴滴涕、硫丹、三氯杀螨醇、甲拌磷、乙拌磷、久效磷、对硫磷、甲基对硫磷、甲胺磷、甲基异柳磷、治螟磷、氧化乐果、磷胺、地虫硫磷、灭克磷、水铵硫磷、溴丙磷、马拉硫磷、杀虫脒、甲敌粉、氧化菊酯、1065、3911、氟化钙、氟化钠、氟乙酸钠、氟乙酰胺、氟铝酸钠、氟硅酸钠、氯唑磷、硫线磷、杀扑磷、特下硫磷、克线丹、苯线磷、甲基环硫磷、涕灭威、克百威、灭多威、丁硫克百威、丙硫克百威、二溴乙烷、环氧乙烷、二溴氯丙烷、溴甲烷、甲基砷酸锌（稻脚瘟）、砷酸铅、甲基砷酸锌钙（稻宁）、甲基砷酸铁铵（田安）、福美双、福美砷、代森锰锌、炭疽福美、乙膦铝、三苯基醋酸锡（薯瘟锡）、三苯基氯化锡、三苯羟基锡（毒菌锡）、氯化乙基汞（西力生）、醋酸苯汞（赛力散）、五氯硝基苯、稻瘟净、异稻瘟净、稻瘟醇（五氯甲基醇）、克螨特、阿维菌素、有机合成的生长调节剂、除草醚、草枯醚、2,4-D、五氯酸钠、草甘磷、丁草胺、二甲四氯、二氧喹林酸类除草剂和植物生长调节剂。

二、允许使用及限制使用的农药

使用无公害农药和高效、低毒、低残留农药,是生产安全果品的重要保证。生产 AA 级绿色和有机果品,允许使用的农药主要包括农用抗菌制剂、微生物农药、植物源农药和矿物源农药。可防治板栗病虫害的部分品种,其防治对象及注意事项如表 8-1 所示。

表 8-1　生产 AA 级绿色及有机果品允许使用的部分农药简介

类　别	名　称	防治对象	注意事项
农用抗生素制剂	抗霉菌素120(农抗120)	广谱性抗生素。对多种植物的病原菌有强烈的抑制作用。可防治栗仁斑点病、炭疽病、胴枯病和白粉病	可与多种杀虫剂混用,但不能与碱性农药混用
	农用抗生素BO-10	广谱性抗生素。对多种植物的病原真菌和病原细菌,有明显抑制效果。其可防治板栗病害同农抗120	同农抗 120
	多氧霉素(多抗霉素)	杀菌广谱,可防治栗仁斑点病、炭疽病和胴枯病	不能与碱性农药混用,每年使用次数不超过两次,否则易产生抗药性
	春雷霉素	农、医两用抗生素。可防治板栗胴枯病	若连年使用,病菌会产生抗药性
	井冈霉素	可抑制菌丝的伸长和形成,能防治苗木立枯病	可与多种杀虫剂混用,安全间隔期为 14 天
	浏阳霉素	杀螨剂。对叶螨、瘿螨均有效,可防治板栗红蜘蛛	可与任何杀虫剂、杀菌剂混用,但与碱性农药混用时应现配现用

类别	名 称	防治对象	注意事项
微生物源	B·T乳剂	细菌性杀虫剂。可防治鳞翅目、鞘翅目和直翅目等多种害虫的幼虫。如板栗象甲类、透翅蛾、吉丁虫、桃蛀螟和皮夜蛾的幼虫等	不能与杀菌剂混用,对蚕有毒
	青虫菌(苏芸金杆菌)6号	细菌性杀虫剂。可防治鳞翅目的幼虫,和叶螨与瘿螨等,如板栗透翅蛾、桃蛀螟和皮夜蛾的幼虫等	不能与杀菌剂混用,对蚕有毒
	杀螟杆菌	细菌性杀虫剂。可防治鳞翅目多种害虫的幼虫。如板栗透翅蛾、桃蛀螟和皮夜蛾的幼虫等	不宜与杀菌剂混用。对蚕有毒。在气温20℃以上时使用
	白僵菌	真菌性杀虫剂。可侵染鳞翅目、同翅目和鞘翅目多种害虫的幼虫。如栗大蚜、介壳虫及象甲、透翅蛾、金龟子、皮夜蛾和桃蛀螟的幼虫等	不宜与杀菌剂混用,对蚕有毒,应随配随用,2小时用完
植物源	除虫菊素	杀虫剂。对蚜虫、叶蝉有效,可防治栗大蚜和二星叶蝉等	不能与碱性农药混用
	苗蒿素	杀虫剂。对蚜虫和尺蠖有效,可防治栗大蚜等	不能与碱性农药混用,现配现用
	茶籽饼浸出液	杀虫剂。对蚜虫有效,可防治栗大蚜等	不宜与碱性农药混用
	苦楝油乳剂	杀虫剂。对介壳虫(一、二幼龄蚧)、叶螨有效,可防治栗新链蚧和红蜘蛛等	不宜与碱性农药混用
	棉油皂	杀虫剂。对蚜虫、介壳虫和害螨有效。可防治板栗大蚜和栗新链蚧等	不宜与酸性农药混用

类 别	名 称	防治对象	注意事项
矿物源	无机硫制剂（硫黄、硫悬浮剂、胶体硫、晶体硫合剂、石硫合剂、硫黄乳粉等）	无机杀菌、杀螨、杀虫剂。对多种害螨、介壳虫幼虫、若虫和病害均有效。可防治栗仁斑点病等所有病害和红蜘蛛、栗大蚜与介壳虫等多种虫害，是安全果品生产的首选农药	不能与大多数忌碱农药混用。现配现用，气温高于 32℃ 或低于 4℃ 时不得使用
	无机铜制剂（波尔多液、硫酸铜、可杀得等）	保护性杀菌剂。可防治多种真菌和细菌病虫。对板栗炭疽病、栗仁斑点病、胴枯病和栗芽枯病有效	不能与其他杀菌、杀虫剂混用。应现配现用。采前 20 天停用。不能在对铜敏感的果树上使用
	机油乳剂（蚧螨灵乳油）	矿物油杀虫剂。对蚜虫、介壳虫和害螨有效。可防治板栗大蚜、栗新链蚧和红蜘蛛	选用无浮油、无沉淀、无浑浊的产品
	柴油乳剂	同机油乳剂	在果树生长期易产生药害。应降低浓度并先做试验
	煤油乳剂	对介壳虫越冬卵效果较差。其他同机油乳剂	同柴油乳剂

生产 AA 级绿色果品和有机果品，还允许使用性信息素、天敌动物、昆虫病源线虫、微孢子原虫、核多角体病毒、颗粒体病毒和树干涂白剂。涂白剂的配方，可根据具体的用途而选定（表 8-2）。

表 8-2 常用树干涂白剂的配方和用途 （单位：千克）

配方	生石灰	石硫合剂	食盐	动物油	硫黄粉	滑石粉	豆油	玉米面	水	用　途
		原　料　名　称								
1	10	1（原液）	1	0.2					40	防日灼
2	10				1				40	防治树干虫害
3	10	1（残渣）或 0.5 原液							40	防治树干虫害
4	10		4	0.2			0.2		40	防冻害、日灼
5	10	0.8				2.2		1.3	40	防冻害、日灼

　　涂白剂的使用方法是：涂刷树干前，先将树干上的翘皮刮去，用草把、扫帚或大排刷，均匀地涂遍。

　　生产 A 级绿色果品及无公害果品，除允许使用以上农药外，还可有限度使用以下农药（表 8-3）：

表 8-3 生产板栗 A 级绿色食品及无公害食品限制
使用一次的部分农药

通用名	型剂及含量	常用量（稀释倍数）	防治对象	最后一次施药距采收间隔天数	允许最终残留量（毫克/千克）
敌敌畏	80%乳油	1500～2000	螨类、蚜虫、食心虫等	10	0.1
乐　果	40%乳油	1000～1500	螨类、蚧类、食心虫	30	0.5
杀螟硫磷	50%乳油	1000～1500	桃蛀螟、食心虫、蚧类	30	0.2

通用名	型剂及含量	常用量(稀释倍数)	防治对象	最后一次施药距采收间隔天数	允许最终残留量(毫克/千克)
辛硫磷	50%乳油	1500～2000	蚜虫、刺蛾、螨类	30	0.05
敌百虫	90%固体	500～1000	金龟子、天牛、食心虫等	25	0.1
氯氰菊酯	25%乳油	4000～5000	桃蛀螟、食心虫、卷叶蛾	30	1
溴氰菊酯	2.5%乳油	1250～2500	栗绛蚧、食心虫等	30	0.05
氰戊菊酯	20%乳油	1600～4000	栗皮夜蛾、透翅蛾、桃蛀螟等	30	0.1
除虫脲	25%可湿性粉	1000～2000	栗皮夜蛾、透翅蛾、桃蛀螟等	30	0.5
灭幼脲	25%悬浮剂	800～1000	栗皮夜蛾、透翅蛾、桃蛀螟等	30	3
双甲脒	20%乳油	1000	螨类	40	0.2
尼索朗	50%可湿性粉	2000	螨类	40	0.2
克螨特	73%乳油	3000～4000	螨类	40	2
百菌清	75%可湿性粉	600	炭疽病、栗锈病等	30	1
多菌灵	50%可湿性粉	2000	栗仁斑点、胴枯等病害	25	0.5

通用名	型剂及含量	常用量（稀释倍数）	防治对象	最后一次施药距采收间隔天数	允许最终残留量（毫克/千克）
扑海因	50%可湿性粉	1000～1500	栗仁斑点、胴枯等病害	20	2
三唑铜	20%可湿性粉	500～1000	栗白粉、锈病等	40	0.1
843 康复剂	复合型水剂	5～10	干枯病等		
卡死克	5%乳油	1000～1500	螨类若虫、卷叶虫	30	0.1
抑太保	5%乳油	1000～2000	栗实象甲、透翅蛾、皮夜蛾、桃蛀螟等虫害	30	0.1
甲基托布津	70%可湿性粉	800～1000	栗各种病害	14	1

第四节　板栗的主要病虫害及防治

一、主要病害及防治

　　板栗传染性病害的病原菌，在一定的条件下，都要经过侵染、致病与寄主显现病态的过程。与病程相对应，病害的发生又都要经过侵入期、潜育期和发病期三个时期。在侵入期，要把好病菌侵入的门户，尽量不给病菌造成入侵机会，这是十分重要的。

病原菌的侵入，一般由伤口、自然孔和直接侵入。伤口，主要是剪锯伤、日烧伤、冻伤、冰雹伤、虫咬伤及其他机械伤。自然孔口，主要是寄主体表的气孔、皮孔和蜜腺等自然孔口，这些自然孔口在叶背和枝条较多。直接侵入，是指某些真菌的孢子萌发产生的芽管，可穿透较薄的皮层和幼嫩的组织。不论哪种病原菌，它们的入侵都是在生长季节，既要有营养条件，又要有适宜的温度条件，还要有风力、水力、昆虫和人为传播的途径。因此，采用综合的农业措施，对防治病害是十分重要的。

（一）栗仁斑点病

【分布及危害】 全国各栗产区均有发生，以北方产区较为普遍。河北省于 1978～1979 年，山东省 1983 年曾发生较重。在国外，欧洲栗、美洲栗上也有发生。是贮藏运输过程中，危害栗实的主要病害。

【症　状】 该病症状很复杂。病果在采收时绝大部分无症状，与好果并无两样；只有极少数开始显现症状。但此时经分离培养检测，果实带菌率已在 40％以上，病菌处于潜伏状态。病斑主要发生在栗仁、内种皮和外种皮上，其病斑色泽、分布位置均由于产地不同、贮运条件不同与贮藏时间长短不同，而不完全相同。大致可分为黑斑、褐斑和腐烂斑三个类型。初发病时，在栗仁上产生色泽不同的坏死斑点，后逐渐扩大成褐色或黑色或白色或灰色或黄色的腐烂斑，以褐斑为多，最后形成干腐。有的变成软腐，有异臭味。病因是由若干病原菌复合侵染所致。北京农业大学 1982 年从栗仁中分离出的真菌有 30 多种。主要有茎点菌、拟茎点菌、大茎点菌、小穴壳菌、炭疽菌和镰刀菌等。

【传播途径和发病条件】 病原菌在枝干病斑上越冬，病菌孢子借风雨传播,多数在田间侵染,花期是病菌的重点侵染期,也有一部分是采收后感染的。病菌有潜伏侵染特点,当环境条件恶化才会致病、危害。采收后,由于诱病重要因素之一的水分的失调,病菌由潜伏状态转化为活动扩展状态;温度的升高又加快病情的发展,15℃～30℃的温度范围病菌特易发育,25℃～28℃的温度范围为发育最适温度。低温能抑制病菌活动。在温度相同的情况下,失水多,发病率高。落地5～7天捡拾的栗子和落地1～2天捡拾的栗子,经30天沙藏,前者发病率比后者高1倍。失水8%和18%的栗子经30天沙藏,发病率分别为35%和64%。

【防治方法】 ①田间喷布杀菌剂,杀灭致病菌,减少侵染源。花期喷1000倍甲基托布津,发病率可降低54%。②坚持落地捡拾采收,减少失水和机械损伤,缩短暂存时间,及时放入0℃～6℃冷库中存放。③加强管理,增强树势,及时去除各类病枝,刮除干腐病斑,减少侵染源。

(二)栗炭疽病

【分布及危害】 在大部分栗产区均有发生。主要危害栗实,也危害新梢和叶片,可引起总苞早期脱落和贮藏期栗仁腐烂。是栗实的重要病害。

【症 状】 发病初期,在幼苞上形成病斑。发病部位呈黑褐色,并逐渐扩大至整个栗苞变成黑褐色。果实发病多从果顶开始出现症状,也有的从底座或侧面开始出现症状。发病部位果皮变黑,并常见有白色菌丝。病菌侵入栗仁后,栗仁变成黑褐色。随着发病部位的扩大,整个栗仁萎缩干腐,内部充满灰白色的菌丝。

病菌侵入枝干时,枝干皮孔开裂处有黑色分生孢子盘,内有多隔的分生孢子。病部逐步扩大溃烂,产生大量黑色子实体。随后,子实体开裂散出孢子,通过雨水和昆虫传播,经皮孔或表皮传播再次侵染。

【病原菌及发病规律】 属真菌病害。病菌以菌丝或子座在栗树枝干上越冬,其中以潜伏在芽鳞中越冬量较大。翌年温湿度适宜时产生分生孢子,借助风、昆虫和雨水等媒体,传播至幼苞和枝干引起发病。病菌在花期开始侵染幼苞,但对栗实的危害至临近采收才开始出现,至贮藏期间症状进展加快。这一现象与栗仁斑点病颇为相似。

【防治方法】 发病重的栗园,于初花期(6月初)和8月上旬,对全树喷40%多硫合剂500倍液,或50%多菌灵可湿性粉剂600～800倍液,采果前再喷上述药剂中的一种。其他防治方法,参见栗仁斑点病。

(三)栗胴枯病

栗胴枯病,又称栗干枯病和栗疫病。

【分布及危害】 栗胴枯病是世界性病害,为国内检疫对象。我国栽培的栗树多为高抗病品种,但各产区均有不同程度的发生。多发生在嫁接树上,其中南方和长江中下游产区近年来发生较为普遍。病后树势衰弱,生长不良,损害产量和质量,严重的可使全树枯死。

【症 状】 主要危害主干及主枝,少数在枝梢上也有危害。病初发生时,在主干或枝条上出现圆形或不规则的水渍状病斑。病斑黄褐色,组织松软,斑块微隆起,有时从病部流出黄褐色汁液。其内部组织呈红褐色水渍状腐烂,有浓烈的酒糟味。干燥后,病部树皮纵裂,内部枯黄的组织暴露。如果剥开枯死的树皮,可见到白色扇形的菌丝体。发病后期,病部失水,干缩凹陷,并在树皮上产生黑色粒,即为病菌子座。以后子座破皮而出,在雨后或潮湿天气,子座内溢出黄色丝状分子孢子角。病菌主要在皮层部分蔓延。在树体严重衰弱、细胞和内部组织生活力很差时,病菌便向木质部发展,从而导致整株枯死。

其发病过程一般为3～4月份出现病斑,7～9月份迅速扩展,10月底逐步停止发展。

【病原菌及发病规律】 胴枯病的病原属囊菌纲,球壳菌目。有性世代的子座为浆黄色,无性世代子座为橙红色或橙黄色。

此病菌为弱寄生,大多数从伤口(如嫁接口、机械损伤、冻伤、昆虫危害处等)侵入,以菌生及分生孢子器在病斑中越冬。翌年春季,随气温的升高,病菌逐渐活动。江淮地区,一般在3月份开始发病,4～5月份产生橙黄色或橙红色的无性子实体——分子孢子器。6月份以后,温湿度都很适宜病菌的繁殖条件,孢子器开裂,并大量溢出孢子,由昆虫、鸟类和雨水等媒体传播。10月份以后,随着气温的下降,病害发展转为缓慢。10月下旬,产生有性世代囊孢子,至翌春又由风、雨水和昆虫,传播至健康植株。

该病菌的侵入和扩展,与品种、立地条件、营养水平、树势、温湿度和栽培密度等密切相关。嫁接树的接口易发病。实生树尚未见有发病单株。土层深厚、土壤有机质含量高处的树势强壮的栗树很少发病;土层浅薄、单纯施氮肥处的树势衰弱的栗树发病较重;遭日灼、冻害者易发病。绝对温度越高和绝对温度越低,均发病率越高。降雨多,发病多;降雨少,发病相对少;密植园发病高于稀植园发病。

【防治方法】 ①选育抗病品种,从丰产性能好的良种中筛选抗病品种。②消灭病原。刨除死树,除病枝,刮病斑,集中烧毁。③减少发病诱因和侵染入口,避免机械损伤。对伤口涂石硫合剂和波尔多液,予以保护。防止虫害。树干涂白防日烧。在高寒地区,对树干培土或绑草保温,解冻后及时解除。涝洼地要及时排水。④加强检疫。由外地调入苗木和接穗时,要严格检疫,并进行药剂消毒。⑤发病初期,对病斑涂药。涂前先刮去病部被侵害的组织,用毛刷涂抹 1:10 碳酸钠或农抗 120 的 10 倍稀释液,或 401 等药剂。4 月上旬、6 月上旬和中旬,各涂一次药,共涂三次。

(四)栗白粉病

【分布及危害】　主要分布于长江中下游产区和南方产区。北方产区很少发生,只有在 4 月中下旬出现连续阴雨时,才见有少量发生。该病危害叶片。

【症　状】　染病初期,病叶背面出现不规则的褪绿病斑。随着病斑的逐步扩大,产生灰白色状霉层,即病原菌的菌丝体和分生孢子梗、分生孢子。秋季病斑颜色变淡,并在其上产生初为黄白色、后变为黄褐色、最后变为黑色的散生小颗粒,即病原菌的闭囊壳。被害叶片皱缩,叶面凹凸不平,叶色缺绿,影响幼芽幼叶生长,严重时可引起早期落叶。如防治及时,则新叶再生,恢复正常生长。

【病原菌及发病规律】　病原菌为子囊菌。病菌以闭囊壳在落叶上越冬,翌年春季散放出子囊孢子,借风力传播。在南方栗产区于 3～4 月份开始发病,发生分生孢子,再次侵染,病情蔓延。10 月份前后形成闭囊壳。

【防治方法】　①消除有病梢,清扫落叶并及时烧毁,以减少越冬病原。②喷药。病情严重的地区,在萌芽前喷 5 波美度石硫合剂;在 4～6 月份发病期,喷 70%甲基托布津 1 000 倍液,或多菌灵 800～1 000 倍液,或 0.2～0.3 波美度石硫合剂。

二、主要害虫及防治

(一)栗红蜘蛛

栗红蜘蛛,又称针叶小爪螨。属蜱螨目叶螨科。

【寄生及分布】 各栗产区均有发生,以北方栗产区较为严重。该虫危害栗、栎和橡等植物。

【形态识别】 雌成虫长约0.5毫米,椭圆形,背部隆起,肩部较宽,腹末钝圆。头胸淡橘红色,肩部两侧各有一明显的暗红色圆点。有26根黄白色刚毛,毛体粗壮,毛基有黄白色瘤。雄成虫长约0.3毫米,近三角形,腹末稍尖,第一、第四对足超过体长。卵扁圆,似荸荠形,中部稍凹,上有一稍弯曲的丝柄。初产出的卵为乳白色,半透明,夏卵渐变为橘红色,冬卵渐变为红褐色。从卵内刚孵化出的幼虫三对足,近似卵形。经一次蜕皮后变为四对足的若虫。从若虫到成虫,体色变化较大。夏型雌成虫前躯浅绿色,足淡绿色,体后躯为深绿褐色,背中有楔形色斑。产冬卵的成虫体前躯为深红色,体后躯为深红褐色,足为淡红色(图8-2)。

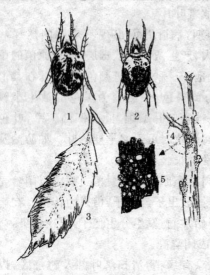

图8-2 栗红蜘蛛

1. 雌成虫 2. 雄成虫

3. 被害叶局部褪色情况

4. 越冬卵位置 5. 越冬卵放大

【生活史及习性】 在北方栗产区,每年发生5～9代,以卵在1～4年生枝干上越冬,尤以1年生枝条芽的周围及枝条粗皮、缝隙、分叉处为多。多时聚集呈暗红色小片状。越冬卵4月底开始孵化,一直延续到5月中旬,盛期在5月上旬末。成若虫均在叶正面为害,以叶脉形成若干群落,若虫期更为明显。在栗树的生长季节,4～10月份均能发生危害,重点危害期为5月中旬至7月中旬,约60天。若虫第三次蜕皮后,雌雄即行交配,当日或次日开始产卵。单雌平均产卵50粒,多产于主脉沟和侧脉两侧,卵期6～9天。雄成虫寿命一天多,雌成虫寿命15天左右。越冬卵6月中旬开始出现。进入雨季后,经大雨冲刷,虫口密度下降,危害减轻。但叶片一经被害,失绿部分不能恢复,功能减弱甚至丧失,造成当年减产,并对贮备营养的积累产生负面影响,殃及第二年的生长和雌花形成。防治的关键时期,是越冬卵孵化期。此时期内如不能根除,或大幅度降低虫口密度,6月份会出现卵、若虫和成虫世代交叉重叠,难以控制危害,成为破坏性极大的虫害。

【防治方法】 ①将冬季修剪下的枝条,及时清理出园,以降低越冬卵基数。②在栗树萌动期刮去粗老皮后,对全树喷5波美度的石硫合剂。重点喷1年生枝条和粗老皮及缝隙处。一般可控制全年危害。③在5月中旬越冬孵化盛期,用5%卡死克乳油40倍液涂抹树干。其方法是:先在树干的中下部环状刮去15厘米左右宽的表皮,露出嫩皮,然后在嫩皮上涂药两遍,再用塑料薄膜内衬纸包扎。这样做的有效控制期约50天。④喷药。在虫口密度达到防治指标,即平均每叶3～5头时,一般为5月下旬,用0.3～0.5波美度石硫合剂或10%浏阳霉素1 000倍乳油,或5%尼索朗乳油2 000倍液,或20%螨死净3 000倍液,或0.2%阿维虫清乳油2 500倍液,作全树喷雾,重点喷叶片。⑤保护和利用食螨天敌,如草蛉、食螨瓢虫、肉食蓟马和小黑花蝽等。

(二)栗瘤蜂

栗瘤蜂,又叫栗瘿蜂。属膜翅目,瘿蜂科。

【寄生及分布】 我国各栗产区均有发生。危害板栗、茅栗、野板栗及栎树等。在日本、韩国和美国,也有此虫发生危害的报道。

【形态识别】 成虫体长 2.5～3 毫米,翅展 2.4 毫米。体黑褐色,有金属光泽。头短而宽。触角丝状,14 节,柄节、梗节黄褐色,鞭节黑色。胸部光滑,前胸背板有四条纵线。翅透明,前翅脉褐色,足黄褐色,后足较发达。卵椭圆形,乳白色,下端有卵柄。末龄幼虫体长 2 毫米,乳白色,老熟时黄白色,体两端较钝圆,腹末无色。蛹体长 2.5～3 毫米。裸蛹初为白色,近羽化时变为黑褐色。复眼赤色(图 8-3)。

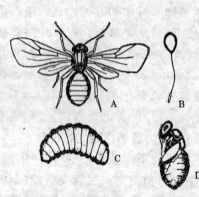

图 8-3 栗瘤蜂
A. 成虫 B. 卵 C. 幼虫 D. 蛹

【生活史及习性】 一年发生一代,以幼虫在芽内越冬。各期形态出现的时间,因各产区气候差别而有异。在鲁南,4月上旬越冬幼虫开始活动。随着萌芽和芽轴的伸长,叶片、新梢和雄花序部位出现瘤体。幼虫在瘤体内取食,阻塞输导组织,并分泌出有机物质,使被害部位细胞急剧增加,瘤体增大,虫室木质化,内壁坚硬。一个虫室内有幼虫3～5头,多者十几头。4月下旬开始化蛹,并逐渐羽化。6月上旬,成虫咬破瘤体开始飞出。6月中下旬达到羽化盛期。初孵化的成虫有在虫室内停留的习性,一般停留10～15天。成虫爬出后,孤雌生殖,单雌平均产卵17粒左右。成虫飞翔能力不强,大部分时间在树上爬行。成虫在风速为0.15～0.45米/秒时,能正常活动产卵。在风速为0.5～3.5米/秒时,静止在树上不动,影响成虫产卵。产卵盛期为15天左右。产卵时,由产卵管刺入芽体内,产于芽内幼嫩组织中。8月初,芽内孵化出幼虫,并取食幼梢和叶原基,形成不足2毫米大小的虫室,并在其中越冬。栗瘤蜂喜在内膛弱枝群的芽上产卵。栗瘤蜂的发生有明显的周期性。据观察,在山东省费县基本不进行防治的栗园,约8年为一个轮回。

在我国南方,羽化期正处在"梅季",如连降大雨,成虫凿通孔时,往往会被水浸而死,已羽化飞出的成虫,也会因溺水而大量死亡。

栗瘤蜂的天敌,主要是长尾小蜂。另外,跳小蜂科还有三种,施小蜂科有一种,金小蜂科也有一种。长尾小蜂一年一代,以老熟幼虫在寄生的干瘤内越冬。来年4月中旬,成虫羽化,雌雄交尾后产卵在栗瘤蜂幼虫体外,幼虫孵化取食栗瘤蜂幼虫,直到全部吸完为止。长尾小蜂幼虫老熟体灰色,两端比栗瘤蜂幼虫尖,活泼,腹面有细刚毛。区分瘤内是否居有长尾小蜂的标志是:7月份以后,栗瘤蜂咬瘤出飞的瘤体干枯;而长尾小蜂寄生的瘤体保持青绿,直至秋季。

【防治方法】　①保护天敌。注意识别长尾小蜂寄生瘤,在冬、春季修剪时加以保护,或收集移挂于虫害较重的树上放飞。②摘瘤、疏枝。4月份摘除树上瘤体。冬、春季修剪时,疏除冠内弱枝群。③药剂防治。6 月中旬成虫羽化盛期,用 40%乐果乳油或 50%杀螟松乳油 1 000 倍液,或灭幼脲 3 号 25%胶悬剂 2 000~3 000 倍液喷雾。

(三)栗透翅蛾

栗透翅蛾,又称串皮蜂、赤腰透翅蛾。属鳞翅目,透翅蛾科。

【寄生及分布】 该虫为地区性害虫。主要分布在北方栗产区的山东和河北,南方栗产区的江西也有发生。危害部位是主干或主枝的韧皮部。严重时,幼虫横向穿食可环绕树干或主枝一圈,致主枝干枯或全株死亡。

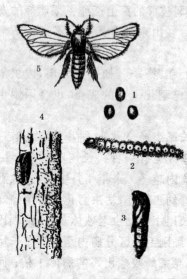

图 8-4 栗透翅蛾

1.卵 2.幼虫 3.蛹
4.羽化后的卵 5.成虫

【形态识别】 栗透翅蛾的成虫体长 15~21 毫米,翅展为 37~42 毫米。虫体形似黄蜂,触角两端尖细,基部橘黄色,端部赤褐色,顶端具一毛束。头部、下唇须、中胸背板及腹部第一、第四、第五节成橘黄色横带,第二、第三腹节赤褐色,末端节黄色。翅透明,翅脉及绒毛茶褐色。卵长约 0.9 毫米,淡红褐色,扁椭圆形。末龄幼虫体长 14~18 毫米,黄褐色。其腹部 4~7 节有两排短刺,8~10 节只有一排细刺。其蛹呈纺锤形(图 8-4)。

【生活史及习性】　两年一代。以不同龄期幼虫在被害树皮下越冬。翌年4月开始活动为害,在韧皮部蛀食,虫道内充满木屑和虫粪。老熟幼虫做茧前,先在皮下向外咬一椭圆形羽化孔,孔口留一层很薄的表皮,然后在羽化孔下部吐丝缀木屑和粪便,结茧化蛹。化蛹自7月下旬起,延续至8月中下旬。成虫8月上旬开始羽化,8月中旬进入羽化盛期,羽化时蛹体露出树皮。成虫羽化后即可交配产卵,每头可产卵300~400粒,多产于主干距地面10~90厘米处,以及主枝基部皮缝旧虫洞处。卵在8月下旬开始孵化,盛期在9月中旬,末期为9月下旬。初孵化的幼虫蛀入皮下为害,蛀孔排出有细小粪粒。危害期约30天。以2龄幼虫在虫道一侧或一端越冬虫室越冬。

【防治方法】　①在3~4月份幼虫孵化期,先将受害部位树干刮皮,然后用敌敌畏1000倍液,或青虫菌1000倍液,或杀螟杆菌500倍液,向刮皮部位淋洗或喷雾。②在成虫出现期(8~9月份),喷50%杀螟松1000倍液或灭幼脲3号悬浮剂500倍液,或喷5%农梦特乳油1000~2000倍液,消灭成虫及卵。③在9月中旬卵孵化盛期,刮除树干1米以下的老皮烧毁,结合进行树干喷药。④避免树皮造成机械损伤。在成虫产卵前,给树干刷涂白剂,减少成虫产卵。

(四)桃 蛀 螟

桃蛀螟,属磷翅目,螟蛾科。

【寄生及分布】　桃蛀螟为世界性害虫,我国各板栗产区均有发生。寄主除栗外,还有桃、李、杏、向日葵和玉米等40多种果树和农作物。其1、2代幼虫危害总苞及栗实。危害率一般为20%~30%,严重时可达50%以上。被害栗实空虚,虫粪和丝状物粘连,失去食用价值。该虫的危害也是引起贮藏期腐烂的原因。因此,桃蛀螟是栗实的重要害虫。

【形态识别】 成虫体长 12 毫米,翅展 25 毫米,橙黄色。前翅有由黑色鳞片组成的黄斑 20 余个,后翅有 10 余个。腹部第一、第三、第四、第五节背面,各有三个黑斑,第六节有一个黑斑或无斑,第八节末端黑色,以雄虫较为明显。卵椭圆形,初产出时为乳白色,后变为红褐色,卵面粗糙,并布有许多细微圆点。幼虫体长 20～25 毫米,体色多变,有淡褐、淡灰、淡红和淡蓝等色。体背多为紫红色,胴部各节均有黑色瘤点。第三龄后腹部第五节背面灰褐色斑下,有两个暗褐色性腺者为雄虫。蛹为褐色,腹部末端有卷曲臀刺 6 根(图 8-5)。

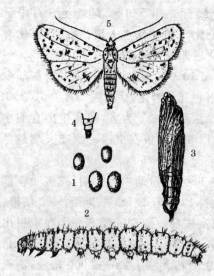

图 8-5 桃蛀螟

1. 卵 2. 幼虫 3. 蛹
4. 雄成虫尾部 5. 雌成虫

【生活史及习性】 在北方栗产区一年发生 2～3 代,南方栗产区一年发生 2～4 代。世代间重叠。以老熟幼虫在板栗堆放场地贮藏库、栗苞皮、栗树皮以及玉米茎秆、向日葵花盘等处越冬。在鲁南地区,越冬幼虫在翌年 5～6 月间化蛹,5 月中旬可见到成虫。第一代幼虫发生整齐,集中在 6 月底前。幼虫约一月一代。成虫 20～22 时羽化最盛,白天静止,黄昏飞翔交配,交配后 2～3 天产卵。每头雌虫产卵 20～50 粒不等。第二代成虫于 8 月中旬,在总苞刺间产卵,以两苞之间最多,一般为 1～3 粒。第三代幼虫蛀食总苞,最早见于 8 月上旬,盛期为 9 月中旬。此时正值总苞开裂期。幼虫先蛀食苞壁,并有粪便排出,总苞逐渐枯熟后则蛀食栗实。幼虫主要危害期发生在总苞堆积期间。据试验观察,采收时虫果率为 5.6% 左右,此时幼虫主要蛀食总苞壁,经堆积 10 天,虫果率达到 12.4%;堆积 40 天,虫果率达到 56.8%。可见把第三代幼虫消灭在危害栗实之前,是防治的关键。

【防治方法】 ①在成虫羽化高峰 3～7 天后,田间调查卵果率达 1.7% 时,喷 2.5% 溴氰菊酯 3 000 倍液。②及时脱粒。堆积时间一般不要超过 5 天。③用药液喷总苞。总苞采收后,用灭幼脲 3 号悬浮剂 500 倍药液,或 5% 抑太保乳油 1 000～2 000 倍液,喷后再堆积;也可将总苞放在以上药液中浸一下再取出堆积,杀虫效果好。④在栗园周围种植向日葵或玉米,诱杀产卵成虫和幼虫。⑤清洁越冬场所,及时烧掉栗苞壳,杀死越冬幼虫。清扫枯枝落叶,降低越冬代幼虫基数。⑥利用成虫的趋光性,用黑光灯和糖醋液进行诱杀。⑦用人工合成的桃蛀螟性诱芯(中国科学院动物研究所生产),迷惑诱杀雄成虫。

(五)栗皮夜蛾

栗皮夜蛾,属鳞翅目,夜蛾科。

【寄生及分布】 在北方和南方栗产区均有发生,其中山东和河北省有些年份发生较重。栗皮夜蛾危害板栗及栎属植物。

【形态识别】 成虫体长 10～18 毫米,翅展 12～20 毫米。体灰黑色,触角丝状。前胸背面、侧面及后胸背面鳞片隆起,前缘有一近三角形黑斑,后缘中部有一黑色眼睛斑,斑上有一弯曲似眉毛状短线。后翅淡灰色。卵径为0.6～0.8毫米,半圆形,底平,顶端有较大的圆形饼状突起,四周有放射状隆起线。初产卵乳白色,近孵化前成灰白色。末龄幼虫体长12～16毫米,褐色或褐绿色。前胸背板深褐色,胴部第二、第三节背面有六个毛片,横向排列成直线,每侧各三个,胴部第四至第十节背面,各有四个毛片,排成梯形,第十一、第十二节背面毛片较大。臀板骨化区呈梯形,深褐色。蛹体长8～10毫米,粗短,背面深褐色,体外有一层白粉,翅及背面淡黄色,茧白色,外附黄褐色绒毛(图8-6)。

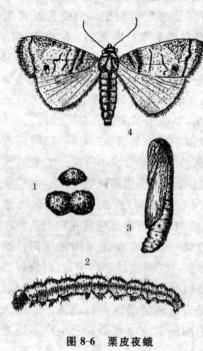

图8-6　栗皮夜蛾

1. 卵　2. 幼虫　3. 蛹　4. 成虫

【**生活史及习性**】　该虫一年发生三代,以蛹在树皮缝、总苞刺束间结茧越冬。翌年5月上旬可见第一代成虫。成虫多在傍晚羽化,夜间活动,白天静止,有趋光性。第一代卵于5月中旬,散产在新梢、嫩叶及幼苞上,卵期3～6天,多为4天。6月上中旬为卵孵化盛期,6月中旬为末期。初孵化幼虫活泼,在新梢间转移危害新梢、幼苞和雄花序,以幼苞受害居多。幼虫孵化出当日或隔日,蛀入幼苞取食,一头幼虫可危害 2～3 个幼苞,被害幼苞很快干枯脱落。第一代幼虫经 20～25 天(6 月中旬至 7 月上旬)老熟。化蛹场所多在被害幼苞、相邻苞之间及枝梢上,蛹期 10 天左右。第一代成虫 6 月下旬开始产卵,盛期在 7 月中下旬。第二代初孵幼虫,多在苞刺下串食为害,一般不直接进入总苞内。受害部位苞刺干枯,一般不会脱落。幼虫 2～3 龄后蛀入总苞内为害。危害盛期在 7 月中下旬。此时幼苞开始增大,被害总苞多数被蛀食一空。幼虫经 23～27 天老熟,在被害总苞或枝条上吐丝作蛹。蛹期 8～10 天。8 月上旬,第二代成虫开始羽化,8 月下旬为羽化盛期,雌雄比例为 1：1,寿命 3～5 天。第三代幼虫危害叶片和秋梢,9 月上中旬老熟幼虫化蛹越冬。

【防治方法】 ①及时消除园内落叶、枯枝、落地虫苞,消灭越冬虫蛹。②在第一代幼虫孵化期(6 月上中旬),喷杀螟杆菌粉剂(含活芽孢 100 亿以上/克)1 000 倍液,或灭幼脲 3 号悬浮剂 500 倍液,或 80％敌敌畏乳油、90％敌百虫晶体 1 000倍液。第二代幼虫发生盛期(7 月中下旬),再喷一次。③清除栗园周围橡树丛,减少寄主。

(六)栗实象甲

栗实象甲,又叫栗实象鼻虫。属鞘翅目,象甲科。

【寄生及分布】 此虫分布世界各栗产区。我国各板栗产区也都有分布。其中长江中下游产区危害较重。该虫危害栗、栎和榛子等。以幼虫蛀食栗实。被蛀栗实形成虫道,虫粪堆积其中,极易腐烂,并失去发芽能力和食用价值。栗实象甲是栗实的重要虫害。

【形态识别】 成虫为黑色甲虫,背有黑褐色鳞毛,喙细长,前端向下弯曲。雄虫体长5～8毫米,触角着生在喙基部的1/2处;雌虫体长6～9毫米,喙细长(7～10毫米),前端向下弯曲,触角着生长喙的1/3处,前胸与头部相连接,有一白斑。翅鞘上的点刻组成纵沟十余条,有白色斑纹。卵乳白色,椭圆形,表面有光泽,长约1.5毫米。幼虫体长约10毫米,头黄褐色,体色乳白色至乳黄色,身体肥大,身体多皱褶,向腹面弯曲,足退化。蛹灰白色,长10毫米,裸蛹,头管伸向腹面下方(图8-7)。

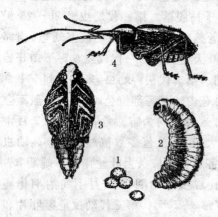

图 8-7 栗实象甲

1. 卵 2. 幼虫 3. 蛹 4. 雌成虫

【**生活史及习性**】 两年发生一代。以幼虫脱果入土建土室越冬。次年在土中滞留一年。第三年6～7月间在土内化蛹,蛹期约半个月。成虫出现期延续较长,7月上旬可见到出现最早的成虫,7月下旬至8月上旬为羽化盛期。成虫羽化后,在土室中静伏潜居7～15天不等。如此时期遇雨土松时,三天左右即集中出土。成虫有假死性。

成虫出土后咬食栗苞、新梢或花序,但不会造成严重危害。8月下旬以头管在幼果上啮一小孔,然后产卵于嫩栗实内。该虫在每个栗实内,可产1～5粒卵,以1～2粒居多。卵期7～15天。9月上中旬孵化。幼虫在栗实内串食20～30天,形成虫道,将虫粪排于虫道内。其间蜕皮4～5次。至10

月间,老熟幼虫咬破果皮,出果入土,在10～15厘米深处作土室越冬。

【防治方法】 ①消灭该害虫于越冬集中地。总苞采收后,在堆积过程中有大量的老熟幼虫咬破果皮出果,入土越冬。抓住这一关键时期,先用白僵菌菌粉与微量杀虫剂的混合液,均匀喷入栗苞堆积场及周围表土,并翻入10～15厘米深土层中,可杀死越冬幼虫。有条件的可将栗苞堆积在水泥地上,使脱出的幼虫无土可钻,可集中消灭。②用二硫化碳在仓库或塑料篷内,密封熏蒸栗实,每一立方米用药20克,熏蒸20小时,可消灭脱果幼虫。③8月份成虫在树上产卵时,利用成虫有假死性这一特点,早晨在树下铺塑料布,振落成虫,集中杀死。④药剂防治。成虫羽化盛期,对树上喷50％敌敌畏800倍液,或90％敌百虫晶体1 000倍液,或5％抑太保乳油1 000～2 000倍液,隔7天再喷一次。

(七)板栗中沟象

板栗中沟象,属鞘翅目,象甲科。

【寄生及分布】 重点分布于长江中下游栗产区。危害板栗、茅栗枝干。以幼虫蛀入枝干髓部为害,蛀道多在蛀孔上方。蛀槽形成后不能愈合,其内充满木屑。被害枝干外观虽无异样,但其髓部已被蛀空,易干枯,可折断。

【形态识别】 成虫体长约7毫米,深茶褐色,着生稀疏短毛;喙黑色,细长弯曲,达到中足基节中部。触角膝状,胸和鞘翅布满凹陷刻点。鞘翅两侧各有9条平行纵条纹。近端部有间隔的灰条纹。卵椭圆形,乳黄色。幼虫乳白色,体形肥胖,半月形,有瓦状皱纹和疏短毛(图8-8)。

【生活史及习性】 大多数为两年一代,少数一年一代。9月中旬前后,以成虫或蛹在被害枝内开始越冬。次年4月

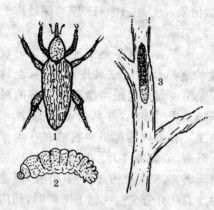

图 8-8　板栗中沟象

1. 成虫　2. 幼虫　3. 危害状

底,始见成虫外出,白天静伏在枝条阴面,有假死性,傍晚爬行取食雄花序和嫩枝,经 5 天左右后,交尾产卵。5～6 月份产卵于 2 年生以上枝条叶痕处。卵经 5 天左右孵化,初孵幼虫随即蛀入枝条为害。9 月上旬,幼虫在蛀眼表面做掩盖的"木屑钉"开始越冬。越冬幼虫鲜艳偏黄。

翌年 5 月,继续危害,到 8 月下旬至 9 月下旬,老熟幼虫开始化蛹。9 月上旬开始出现越冬成虫。管理粗放的栗园及 10 年以上大树,受害较重。

【防治方法】　①加强栗园管理,增强树势。及时剪除被害枝烧毁。利用该害虫的假死习性,将其从树上振落捕杀。②对受害严重的栗园,可于 5 月上旬成虫发生期,喷施 2.5% 溴氰菊酯 3 000 倍液,或 90% 敌百虫晶体 800 倍液,或 5% 抑太保乳油 1 500 倍液。在 5～6 月份幼虫发生期,用以上杀虫剂加水稀释成 50 倍液,注入幼虫蛀孔内,杀死幼虫。

(八)栗 大 蚜

栗大蚜,又称黑大蚜。属同翅目,大蚜科。

【寄生及分布】　我国各栗产区均有该虫发生,危害栗和栎等树。以成虫和若虫群集枝梢吸食汁液为害,严重时被害枝梢生长衰弱。

【形态识别】　栗大蚜成虫,是蚜虫中体型较大的一种。有翅胎生雌蚜,体长约4毫米,全身黑色,腹部颜色稍浅,翅展13毫米,翅暗黑色,翅脉也为黑色。无翅胎生雌蚜,体长约5毫米,头胸部小,腹部肥大。卵椭圆形,长约1.5毫米,初产出时为暗褐色,以后变为黑色。若虫,形似成虫,身体较小(图8-9)。

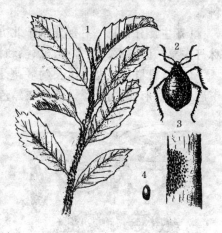

图8-9　栗大蚜
1. 被害状　2. 无翅雌蚜
3. 越冬卵片　4. 放大卵

【生活史及习性】　一年发生多代,以卵在枝干树皮裂缝处越冬,阴面较多,常数百粒至上千粒单层排列成片。翌年4月上旬,卵孵化成无翅雌蚜,群集于嫩梢进行孤雌胎生繁殖和为害。从5月份开始,产生有翅胎生雌蚜,迁飞往其他嫩梢为害,进行胎生繁殖。8月份,大部分成虫、若虫群居在新梢顶端或总苞针刺的缝隙间,吸食汁液为害。10月中旬,产生无翅胎生雌蚜和有翅胎生雄蚜,进行交尾产卵。11月份为越冬卵产出盛期,成虫产卵后死亡。其主要天敌有各种捕食性瓢虫、草蛉、食蚜蝇和蚜茧蜂等。

【防治方法】　①在冬季或早春修剪时,刮除越冬卵块。在萌动期,向树干喷施3~5波美度石硫合剂。②在越冬卵孵化期,喷施5波美度石硫合剂,或轻柴油乳剂100倍液。③注意保护利用各种天敌。

(九)栗 实 蛾

栗实蛾,又称栗子小卷蛾、栎实小蠹蛾。属鳞翅目,蠹蛾科。

【寄生及分布】 主要分布于北方栗产区,尤以辽宁、吉林丹东栗产区较重。危害栗、栎、榛和核桃。

【形态识别】 成虫体长约8毫米,银灰色。触角丝状,下唇须圆柱形,略向上举。前翅灰黑色,前翅前缘有向外斜伸的白色短纹,后缘中部有四条斜向顶角的波状白纹。后翅黄褐色,外缘为灰色。卵扁圆形,略隆起,白色半透明。幼虫圆筒形,头黄褐色。胴部暗褐至暗绿色,各节毛瘤色深,上生细毛。蛹稍扁平,腹节背面各有两排突刺(图8-10)。

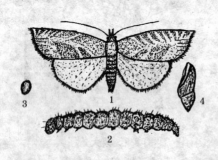

图 8-10 栗实蛾

1.成虫 2.幼虫 3.卵 4.蛹

【生活史及习性】 一年发生一代。以老熟幼虫在落叶或栗苞皮上结茧越冬。在丹东地区,5月份化蛹,蛹期约15天。成虫出现于6~7月间,6月下旬为化蛹盛期。成虫白天伏于叶背,傍晚活动交尾产卵。7月上中旬为产卵盛期,卵大部产于总苞刺之间、苞柄基部及附近叶片背面。7月下旬,孵化出的幼虫先危害总苞,8月中旬蛀入栗实内为害。多从栗实基部蛀入,在蛀入孔有排出的粪便。幼虫期50天左右。10月上中旬栗实落地后,幼虫咬一不规则的孔爬出转移到落叶层、浅土层或石块下做茧越冬。也有相当多的幼虫,未及脱果就随果带入贮藏处,在此处脱果结茧越冬。

【防治方法】 ①清除园内落叶并烧毁。在贮藏场所收集幼虫杀灭。②从幼虫孵化至蛀果前,喷50%杀螟松1 000倍液。③在发生重的果园,可于采收后用药液喷总苞。具体操作见桃蛀螟防治方法。

(十)栗 链 蚧

栗链蚧,又称栗新链蚧。属同翅目,蜡蚧科。

【寄生及分布】 主要分布于长江中下游栗产区。以成虫和若虫群集在栗树主干、枝条及叶片上吸食汁液。被侵害枝条凹凸不平,生长衰弱。轻者抽生不出健壮的新枝;重者枝条或全株枯死。

【形态识别】 成虫雌雄异型。雌虫体似梨形,橙黄色,长约0.7毫米,体缘有粉红色刷状蜡丝,介壳圆形,橙色。雄虫有一对翅,白色,透明,略有光泽,翅面上有两条纵脉。虫体淡褐色,长约0.8毫米。卵长椭圆形,橙黄色,背面突起一条明显的纵脊。若虫椭圆形,红褐色(图8-11)。

图8-11 栗链蚧
1. 雄性若蚧 2. 雌成蚧 3. 被害状

【生活史及习性】

一般一年发生两代。以受精雌成虫在栗树枝干表皮越冬。次年4

月中旬,越冬成虫开始产卵在介壳下的尾部。4月下旬为产卵盛期。5月上旬,卵开始孵化,若虫出壳。雌成虫边产卵,边孵化,繁殖率高。孵化期长达50天左右。初孵化的幼虫很活泼,扩展迅速,一天后即固定下来,用口器刺入皮组织吸取汁液,并分泌蜡质,形成介壳。经过20～25天,出现雌雄分化。雌虫群集在枝干上,经交尾后于6月下旬开始产卵,卵期6～8天。第二代若虫发生在7月上中旬。9月份以后,受精雌成虫开始越冬。

【防治方法】 ①在栗新链蚧幼虫孵化初期、口针固定之前、虫体尚未覆蜡时,防治效果最好。实施防治时,可喷轻柴油乳剂100倍液,或苦楝油乳剂150～200倍液,或80%敌敌畏乳油、40%乐果乳油、50%杀螟松乳油,均为1 000倍液。②保护栗链蚧天敌——红点唇瓢虫。③人工刮除,或用毛刷蘸杀虫剂刷除。

(十一)栗蛀花麦蛾

栗蛀花麦蛾,属鳞翅目,麦蛾科。

【寄生及分布】 河北燕山栗产区和山东栗产区均有发生。危害栗、栎等树。

【形态识别】 栗蛀花麦蛾成虫体长3毫米左右。头部纯白色,向上弯曲,第三节细而尖。胸部白色,背部有褐色鳞片。腹部白色,背有灰白色鳞片。足白色,在胫节和跗节外侧有黑白相间的斑纹。前翅长3.5毫米左右,白色,翅展7.4毫米左右,杂有褐色鳞片。后翅黄白色,在端部1/3处突变狭窄。缘毛特长。幼虫初孵化时为淡黄色,头部、前胸板和肛上板为褐色,后颜色逐步变深。老熟幼虫为黑褐色,体长5毫米左右,单眼6枚,胸足3对,腹足4对,腹足趾沟8～10枚,尾足1对,趾钩6～8枚。老熟幼虫化蛹前吐丝做茧。卵近似圆形。初产出时为白色,透明,以后出现黑色斑点,至孵化前变为黑褐色。蛹体长 4 毫米左右,黄褐色,头部暗褐色,复眼褐色(图 8-12)。

【生活史及习性】　栗蛀花麦蛾一年发生一代。以蛹在栗树及周围其他杂树树干老皮裂缝、翘皮下靠近韧皮部的地方,蛀穴做薄茧越冬。在鲁南地区,翌年 5 月上旬,当平均气温达到 18℃左右时,越冬蛹开

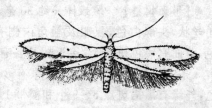

图 8-12　栗蛀花麦蛾

始羽化,3 天后进入羽化盛期,5 月中旬全部羽化,羽化期 10 天左右。有趋光性。成虫群栖,昼伏夜出。傍晚逐渐飞往叶片和花序交尾,时间 2 小时左右,交尾后飞往花序上产卵。卵多产于雄花簇之间或花序轴上,也有部分产于雌花簇柱头和苞刺之间,散产,每处产 1 粒,每头雌虫平均产卵 8 粒左右。卵期约 10 天。初孵幼虫活动缓慢,爬行一段后即蛀入花蕾,在花蕾基部与花托萼皮间蛀食。蛀入孔有虫粪排出,被蛀雄花簇变为黄褐色至干缩。蛀食柱头的幼虫,在幼苞皮下串食,使幼苞变为褐色,并逐渐干缩至脱落。幼虫为害 15 天左右即渐老熟。后脱离危害部位,吐丝下垂,飘落至枝干上,迅速爬行寻找适宜的化蛹场所,并在接近韧皮部处蛀一虫穴,在穴内做薄茧化蛹。

【防治方法】　①在冬季或早春刮树皮,集中烧毁,消除越冬虫蛹。②在卵孵化盛期(5 月底至 6 月中旬),喷施杀螟杆菌粉剂 1 000 倍液,或灭幼脲 3 号悬浮剂 500 倍液,或溴氰菊酯乳油 2 000～2 500 倍液。

(十二) 栗 毒 蛾

栗毒蛾,又称二角毛虫。属鳞翅目,毒蛾科。

【寄生及分布】 各栗产区均有发生。危害栗、柞及苹果等果树。

【形态识别】 雌蛾体长约30毫米,翅展约90毫米。触角丝状,头部白色,复眼及触角内侧有淡红色毛斑。胸部白色,背面有黑色斑5个,接近翅基各有一红斑。翅前白色,上有5条黑褐色的波状横纹,外缘有8～9个黑斑。后翅淡红色,外缘有黑褐斑点8～9个和横带1条。中部有一黑褐色横斑。腹部浅红色,正中有一条黑色斑,腹末3节为白色。雄蛾体长20～24毫米,翅展42～50毫米。触角双栉齿状。胸部黑色,上有5块黑斑。前翅黑色,上有白色波状横纹,中间处有一黑色圆点,外缘有8～9个黑斑。后翅淡黄色,外缘有黑色斑点和横带,中部有一黑色斑纹。腹部黄色,中间黑色。卵初产出时乳黄色,后变为白色,近孵化时变为灰白色。卵成块状,上盖黄白色绒毛。末龄幼虫体长60～80毫米。体黑灰色,头较浅。背中线在胸部明显,前端白色,后段橘黄色,背中线两侧各节生有一对肉瘤,纵行二排。各节体侧生肉瘤二排。上排肉瘤除着生黑色毛外,还生有一束黑白混杂的羽状毛,第一节有两束特长的羽状毛,第十一节共有六束较长的羽状毛;下排肉瘤着生白色长毛。蛹体长27～35毫米,黄褐色。腹部第一至第四节背面隆起,成驼背状,最末一节呈柄状,臀刺钩状丛生(图8-13)。

【生活史及习性】 栗毒蛾在北方栗产区每年发生一代。以卵块在树皮裂缝及锯伤口处越冬。来年5月上旬栗树发芽时,卵开始孵化,孵化期为20～30天。初孵化的幼虫先在卵块周围群居5～7天。大部孵化后(5月中下旬),其幼虫开始

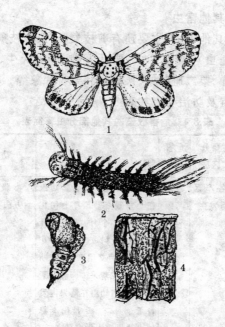

图 8-13 栗毒蛾

1. 雌成虫 2. 老龄幼虫 3. 蛹 4. 树皮缝隙内的卵块

扩散为害,啃食树叶。幼虫危害期约 50 天。6 月下旬至 7 月上旬,老熟幼虫在叶片下面缀边结薄茧化蛹,尾部结一丝束倒吊,蛹期 10～12 天。成虫羽化盛期在 7 月下旬。雌蛾飞翔力弱,卵块多产于 1 米以上的主干上,阴面较多。单雌产卵 800～1 000 粒。

【防治方法】　①冬、春季结合修剪,刮除越冬卵块,集中烧毁。②利用初孵幼虫群居的特性,进行人工捕杀,或喷布 25% 灭幼脲 3 号悬浮剂 1 000～1 500 倍液,或 90% 敌百虫晶体 1 500 倍液,消灭群集尚未分散的幼龄幼虫。

(十三)其他害虫

板栗的其他害虫,主要还有剪枝象甲(栗剪枝象鼻虫)、栗绛蚧(球介壳虫)、栗吉丁虫、栗叶天蛾、各类天牛、各类金龟子、栗巢沫蝉、栗二斑叶螨、栗瘿螨和栗雪片象等。其分布、危害、发生特点及防治要点如表8-4所示。

表8-4 危害板栗的其他部分虫害简表

虫害名称	主要分布区域	危害部位	发生特点	防治要点
剪枝象甲(鞘翅目,象甲科)	各产区均有发生	枝条与栗实	1年1代。以老熟幼虫在土室越冬。5月上旬化蛹,蛹期1个月。5月底开始羽化,上树取食总苞和花序。1周后交尾产卵,咬断果枝,造成落果。卵经6天左右孵化,幼虫在落果内发育1个月,8~9月份老熟幼虫脱果入土做室越冬	参照栗实象甲防治方法
栗绛蚧(同翅目,绛介科)	长江中下游及南方栗产区多见	芽枝	1年1代。以若虫在枝条裂缝及伤痕处越冬。3月下旬雌虫体渐大,分泌蜡质,4月中旬介壳硬固,4月下旬产卵于虫体下。5月中旬若虫孵出,爬行扩散,1~2天后固着于枝条吸食汁液。11月份,若虫迁至枝条裂缝处,分泌白色蜡质越冬	1. 4月份,人工刮除介壳虫体 2. 保护天敌黑缘红瓢虫 3. 在萌动期喷3~5波美度石硫合剂,5月份若虫孵化盛期(5月中下旬),喷轻柴油乳剂100倍液,或苦楝油乳剂150~200倍液,或2.5%溴氰菊酯乳油3000倍液

虫害名称	主要分布区域	危害部位	发生特点	防治要点
栗吉丁虫（鞘翅目、吉丁虫科）	长江中下游及南方栗产区多见	枝条	1 年发生 1 代。以老熟幼虫在枝内越冬。幼虫期危害树干和枝梢,被害处成肿瘤状膨大,易风折或枯死。幼虫在形成层串食至秋季,老熟幼虫进入木质部作蛹室越冬	冬季或早春修剪时,剪除受害枝条烧毁
栗六点天蛾（鳞翅目、天蛾科）	各栗产区均有发生	叶片	1 年发生 2 代。以蛹在浅土层越冬。在江浙地区于 4～5 月份孵化。初孵幼虫群集,后扩散暴食叶片。成虫在 9～10 月份出现,趋光性强。卵产于树干下部或大枝分叉处,成块状	1. 成虫期设黑光灯诱杀 2. 幼虫初期喷 25% 灭幼脲 3 号 500 倍液,或 90% 敌百虫晶体 1500 倍液
云天牛及各类天牛（鞘翅目,天牛科）	各栗产区均有发生	枝干	2～3 年完成一代。以幼虫或成虫在木质部内越冬。幼虫在树干内蛀食,2～3 年后化蛹。成虫 6～7 月份钻出洞外,啃食嫩叶,10～15 天后开始产卵于枝条上被成虫咬的伤口,卵孵化后蛀入枝干中	1. 6～7 月间利用成虫的假死习性,将其振落地面捕杀 2. 幼虫危害期,从蛀孔注入 25% 灭幼脲 3 号 50 倍液,或 80% 敌敌畏 20 倍液,然后用泥土或用棉球蘸药剂堵塞虫孔 3. 发现有幼虫粪便排出时,用细铁丝刺死其中的幼虫

虫害名称	主要分布区域	危害部位	发生特点	防治要点
苹毛金龟子及各类金龟子（鞘翅目金龟子科）	各栗产区均有发生	叶片嫩梢花序	1 年 1 代。从 4 月中旬起至 9 月份都有发生,危害盛期为 5~6 月份。有假死性。由于各地气候不同,成虫集中发生期也不一致。安徽省为 5 月下旬至 7 月上旬,陕西省为 5 月下旬至 7 月下旬,河南省为 6 月上旬至 7 月下旬,辽宁省为 6 月中下旬至 7 月下旬	1. 利用其假死性振落成虫捕杀 2. 喷洒 90% 敌百虫 1500 倍液或 50% 辛硫磷乳油 1000 倍液 3. 10 月上旬前或 4 月下旬后,翻耕栗园,可消灭 20% 的幼虫
栗巢沫蝉（同翅目,沫蝉科）	长江中下游栗产区	嫩枝和幼苞	1 年 2 代。以卵在当年枝条皮层和腋内越冬。5 月上旬孵化。初孵若虫以口针刺入嫩梢吸取汁液。尾部排出大量泡沫,并渐形成石灰质巢管。1 龄若虫危害期为 50 天左右。若虫经 3 龄露出触角和翅芽,4 龄又向新梢转移,做一较大的新巢。经 5 龄长成成虫,成虫以口针刺吸枝皮汁液。被害小枝 1 个月即可干枯。越冬卵多产于芽苞鳞片下,呈香蕉状排列。卵长 1 毫米左右,似茄子形,乳白色	1. 早春修剪时,剪除带卵枝条,集中烧毁 2. 越冬代若虫转移和蜕皮后,用白僵菌(50 亿个/克)300 倍液,或扑虱灵 25% 可湿性粉剂 1500~2000 倍液,或杀螟松乳油 1000 倍液喷杀

虫害名称	主要分布区域	危害部位	发生特点	防治要点
板栗二斑叶螨（蜱螨目叶螨科）	北方栗产区,其中燕山栗产区部分栗园发生较重	叶片	1 年 8～12 代。以受精成螨在树干粗皮缝隙、翘皮下及周围杂草、落叶下,吐丝结网群集越冬。次年 3 月中旬至 4 月初,越冬成螨先在杂草上为害。板栗发芽后,转移至栗树。4 月上旬,越冬代产卵,至第一代孵化约 25 天。以后则世代重叠,群集于叶背面主脉附近吐丝结网,在网下为害。从 9 月份起,随气温下降,越冬代雌成螨开始向越冬场所转移	参见板栗红蜘蛛防治方法
栗瘿螨（蜱螨目瘿螨科）	各栗产区均有发现	叶片	成虫在饱满顶芽的鳞片下拉丝越冬。第二年栗展叶后开始危害。被害叶片生出袋状虫瘿。幼瘿体长 2 毫米,6～7 月份最大可长至 15 毫米。成螨在虫瘿内繁殖,8～9 月份不断有幼螨出现,多者一个虫瘿内有螨几百头。10 月末,螨从瘿内爬出,在枝条上寻找越冬场所	该螨虽分布较广,但发生量不大,危害多集中在几个枝叶上。可在生长季节及时剪除,集中销毁

虫害名称	主要分布区域	危害部位	发生特点	防治要点
栗雪片象（鞘翅目，象甲科）	长江中下游栗产区	芽、叶、枝、花序、栗实	1 年 1 代。以老熟幼虫在残留总苞内越冬。4 月中旬开始化蛹,化蛹盛期为 4 月下旬至 5 月上旬,5 月上旬,成虫开始羽化,转移至树上取食雄花序、枝、叶、芽、柄等细嫩组织,以取食花序者为多。后期啃食幼苞果柄,造成早期脱落。6 月下旬开始产卵,产卵期约 30 天。产卵时在果柄基部、幼苞柱头或刺束之间咬一小洞,将卵产于洞中。一般是一洞一粒。卵经 10 天左右,孵化出幼虫,蛀入总苞取食,虫道弯曲,采收后仍在栗实内继续取食,直至老熟,将内果皮及未吃完的果仁咬成棉絮状,在其中越冬	1. 采收后,及时清理残留总苞及栗园中的落叶和杂草,集中烧毁 2. 及时烧毁脱粒后的苞皮 3. 利用成虫在取食时有假死性的特点,振落捕杀 4. 在 5 月上旬成虫向树上转移时,喷 50% 敌百虫晶体 1000 倍液,或 5% 抑太保乳油 1000～2000 倍液,隔 7 天再喷一次

三、药剂防治时应注意的问题

在较长的一段时间内,药剂防治仍然是板栗病虫害防治的有效方法。特别是对大量发生、危害严重的病虫害,更是如此。但是必须安全选药,正确施药。而要做到科学合理地用药,就应掌握好以下几点:

(一)选择合适的施药方法

根据不同的条件和防治对象,选用不同的施药方法。如在防治食叶害虫时,常选喷雾法;防治蚜虫、螨类和介壳虫等刺吸式害虫时,可选用涂干或涂枝法;防治栗实象甲和蛀干害虫时,可用熏蒸法;防治土壤中越冬害虫时,可用药剂土壤处理法等。

(二)选择适用的农药品种

根据防治对象,选用适用的农药品种。如对食叶性害虫,应选用具有胃毒和触杀作用的杀虫剂;防治刺吸式口器的害虫,应选用触杀和内吸剂;防果实和蛀干害虫,应选用有熏蒸作用的药剂。

(三)选择最佳用药时期

选在害虫对药剂敏感的时期用药。如防治栗蜘蛛在越冬代孵化盛期防治,只要喷药细致,一般一次用药即可全年无恙,若错过这一时机,虫害世代重叠,很难控制危害。防治栗实象甲的最佳时期,是在幼虫脱果入土和成虫出土期,用药剂处理土壤。防治介壳虫类的最好时机,是若虫孵化分散爬行期;若在虫体固定分泌蜡质形成介壳再防治,则效果很差。

(四)交替用药,合理混配

长期施用作用机制相同的农药,会使病虫害产生抗药性。选用机制不同的农药,交替使用,既可减少对环境的污染,又可提高防治效果,还可降低防治成本。在生产中,防治病害和防治虫害往往同时进行,在杀虫剂、杀菌剂和杀螨剂混用时,必须根据说明书,弄清拟选的两种或两种以上药剂是否可以混合。否则,会出现药害或失去杀虫、杀菌的作用。一般说来,波尔多液、石硫合剂等强碱性药剂,不能与大多数有机合成农药混用。

第九章　板栗投入产出
效益与增值方略

第一节　板栗投入产出效益浅析

　　板栗的生产成本,主要包括肥料、农药、灌溉、生产工具和园地建设等直接生产费用。据1993年至1996年对山东费县236公顷(3540亩)单产350千克,和2005年对13.33公顷(200亩)单产250千克栗园的统计调查,其投入产出比分别为1:8.4与1:8.8。平均667平方米年纯收入为2234.4元和1684元。板栗栽培属劳动密集型产业,根据各地实践经验,发展1公顷板栗园,可以安排一个农村劳动力就业。如果所经营的栗园667平方米产板栗达到300千克的中等产量水平,按2005年不变价格计算,则每年可新创造总产值29385元,纯收入24977元。这在目前已属高效范畴。更值得关注的是,板栗还有多种增值方略,适于栗农选用。如使用得当,其效益又会远高于上述数额。实践已经证明,板栗集约化生产是低风险、低投资和高回报率的一项绿色环保产业。

第二节　保鲜贮藏增值

一、认识误区与存在问题

　　人们习惯称板栗为干果,一般认为它较好贮藏,其实不然。板栗不像核桃、银杏等干果那样,含水量小易于贮藏。准确地说板栗应当是干鲜果,它需要鲜贮。在贮藏过程中一怕热,二怕干,三怕过湿,四怕冻,五怕早发芽。在实际贮藏操作中,经常见到随便堆集在一起,造成风干腐烂;或冬贮培沙过浅,受冻腐烂,或埋土过深,造成早发芽;或沙藏时栗层掺沙过少,造成"烧窖"等现象。

板栗贮藏中易造成腐烂,其内因是鲜果的果肉含水约50%,还有糖、淀粉、蛋白质、脂肪、氨基酸及多种无机盐和维生素,这些营养成分是多种致病菌的良好培养基;栗实顶尖裂口及果皮的多孔纤维状结构,是病菌入侵的门户。外因是栗实在发育过程中,由于病害防治不及时,以及错误的采收、堆积与脱栗方式,会造成几十种致病菌乘机侵入。在温度适宜时,病菌开始繁殖,轻则消耗大量糖类干物质,使品质下降,重则导致果实腐烂。

二、保鲜贮藏增效实例

板栗属季节性商品。其价格变化的规律一般是新栗集中上市期,上市量大,价格低,易出现"卖难";而经一个月后,上市量逐渐减少,价格逐渐回升;至元旦前后,常出现供不应求,价格升至本生产年度的最高点。顺应市场这一特点,进行保鲜贮藏,是使板栗升值的一种好方法。山东费县栗农范某,年收获板栗2 500千克左右。2005年新栗上市时,市场价格为每千克4.10元。若这时出售,只能卖到1万元左右。范某采用湿沙埋藏法,全部贮藏起来,于12月中旬和2006年1月中旬,两次实卖出2 350千克(贮藏失重率为6%),收入18 550元。扣除促销的费用420元,增值81%。北京市郊区栗农,2004年采用北京市农科院研制的保鲜剂和保鲜包装常温贮藏法,贮藏鲜栗 520 万千克,贮期达到 6～7 个月,好果率为 95%,增值 2 600 万元。

三、栗实等级和安全卫生标准

为保证板栗贮藏效果,防止已霉烂及已被虫危害的栗实,混入贮栗中交叉感染和转移危害,在正式贮藏之前,要认真选果。选择符合《中华人民共和国国家标准(GB—T0475—89)·板栗》等级标准的栗实,进行贮藏(表 9-1)。

表 9-1　板栗等级标准　(GB—T0475—89)

等级	千克粒数	外观	缺陷
优等品	果粒均匀。小果型每千克不超过 160 粒,大果型每千克不超过 60 粒	果实成熟饱满,具有本品种成熟时应有的特征,果面洁净	无霉粒,无虫蛀,无杂质。风干、裂嘴两项不超过 1%
一等品	果粒均匀,小果型每千克不超过 180 粒,大果型每千克不超过 100 粒	果实成熟饱满,具有本品种成熟时应有的特征,果面洁净	无霉烂,无杂质。虫蛀、风干、裂嘴三项不超过 3%
合格品	果粒均匀,小果型每千克不超过 200 粒。大果型每千克不超过 160 粒	果实成熟饱满,具有本品种成熟时应有的特征,果面洁净	无杂质。霉烂、虫蛀、风干、裂嘴果四项不超过 5%,其中霉烂不超过 1%

在按照绿色果品和有机果品技术规范进行生产的基础上,在采收与贮藏环节,也要严格进行无公害操作。所贮藏的板栗,必须符合 GB/T 18406·2—2001 国家标准中规定的果品安全卫生标准(表 9-2)。

表 9-2　果品安全卫生标准 （单位：毫克/千克）

项　目	最高限量		项　目	最高限量	
镉（以 Cd 计）	≤	0.03	铬（以 Cr 计）	≤	0.5
汞（以 Hg 计）	≤	0.01	亚硝酸盐	≤	4
铅（以 Pb 计）	≤	0.2	硝酸盐	≤	400
砷（以 As 计）	≤	0.5	氰戊菊酯	≤	0.2
氟（以 F 计）	≤	0.5	滴滴涕	≤	0.1
甲铵磷	≤	不得检出	六六六	≤	0.2
对硫磷	≤	不得检出	百菌清	≤	1
甲拌磷	≤	不得检出	久效磷		不得检出
甲基对硫磷	≤	不得检出	百克威		不得检出
马拉硫磷	≤	不得检出	倍硫磷	≤	0.05
水铵硫磷	≤	0.01	辛硫磷	≤	0.05
敌敌畏	≤	0.2	多菌灵	≤	0.5
乐　果	≤	1	氯氟氰菊酯	≤	0.2
克线丹	≤	0.005	氧化乐果		不得检出
喹硫磷	≤	0.02	杀螟硫磷	≤	0.4
氯氰菊酯	≤	2	溴氰菊酯	≤	0.05

四、实用保鲜贮藏技术

板栗保鲜贮藏的方法很多。大量贮藏的方法，有土窑洞贮藏、通风库贮藏、冰冷贮藏库贮藏、机械冷库贮藏、低氧高二氧化碳气调贮藏和空气负离子贮藏等。这里主要介绍几种产地和家庭简易贮藏的方法。

（一）湿沙埋藏法

这是产地民间常用的方法，分为两个阶段操作。

第一阶段：预贮

采收后 45 天左右，是板栗贮藏的危险期。要及时用湿沙埋藏，以降低栗温，保持水分，防止呼吸热聚集，安全度过危险期。其方法是：在搭建的凉棚或太阳晒不到且阴凉通风的地方，地面铺一层厚 20 厘米的湿河沙，沙的含水率为 6%～7%。把栗子中的虫害栗、腐烂栗捡出，再倒入清水缸中，除去漂浮栗，取出下沉的栗子，摊堆于沙上，厚度为 10～15 厘米，栗上覆盖湿沙 10 厘米厚。这样一层栗子一层沙，堆至 60 厘米左右为止。要保持沙的湿润，一般可每隔两天喷水一次。每隔 7～10 天翻动一次，挑出腐败和虫害栗后，仍按以上方法堆放。

第二阶段：越冬贮藏

北方地区一般在"霜降"前后实施。这时，经过预贮的板栗已过危险期，进入可稳定贮藏状态。在北方民间，多采用窖藏或沟藏。其方法是：选地势较高、排水良好与土层质地好的地方挖窖(沟)，窖(沟)深 80 厘米左右，宽 40～60 厘米，长度依贮栗数量而定。窖(沟)底铺洁净湿河沙 15 厘米。把栗子与湿沙混合(栗沙比为 1：4～5)，摊放于窖内，厚度为 40～50 厘米，上面再盖上 15 厘米厚的湿沙，并在窖中每隔 40～50 厘米竖放一直径约 15 厘米粗、下至窖底与上通窖顶的秸秆把，以利于通气。"大雪"(一般在 12 月上旬)盖土，再加盖柴草封窖，"惊蛰"(3 月上旬)开窖。使窖温保持在 0℃～4℃。采用这种方法，贮藏的栗子仍新鲜饱满，风味正常，自然损耗小。开窖后，温度达到 8℃时，栗实就会开始生出胚根(习惯称为发芽)。这时应根据需要及时转贮。

在江苏、浙江等长江中下游一带，多采用室内沙贮方式进行板栗越冬贮藏。其具体操作方法是：选地势较高、通风良好、地面为土质的空屋,底层铺湿沙 15 厘米厚,其上放一层栗子,盖沙 3～5 厘米,再放栗子一层,再盖沙 3～5 厘米,依此类推,堆高至 60 厘米,堆宽不超过 2 米,最上一层堆 15 厘米厚湿沙。贮后每月翻动一次,拣出腐烂果,一般可贮藏 4～5 个月。在湖南邵阳一带,习惯将河沙与木屑按 1∶3～4 比例的混合材料,作板栗填充物,效果也较好。

(二)液膜贮藏法

经过预贮的栗子,用 500 倍甲基托布津或多菌灵液消毒,阴干后用虫胶 4 号,或虫胶 6 号,或虫胶 20 号涂料原液,加水 2 倍,搅拌均匀后浸果 5 秒钟捞出,晾干后用筐、箱包装。在常温下,一般可贮藏 3 个月左右,在 0℃～6℃的低温贮藏库中,可贮藏 5～6 个月。

(三)保鲜纸贮藏法

由浙江省众发实业有限公司研发采用。保鲜纸,用废纸、天然沸石和膨胀珍珠岩为载体,填入保鲜剂。保鲜纸能抑制果实呼吸、发芽和真菌繁殖,无毒无害。只用该纸包装,即可达到保鲜的目的。

(四)塑料薄膜加冷风库贮藏法

将经过预贮的栗子,装入塑料袋,每袋 15～20 千克,再装入麻袋内,无需封口,放入 0℃～6℃恒温库内,相对湿度保持在 80%左右,可保鲜至第二年的 5、6 月份,自然损耗和漂浮栗在 1%左右,好果率在 98%以上。

(五)家庭简易贮藏法

1. 陶瓷缸、坛贮藏 将采收后已过危险期的栗子,与湿沙混合,装入缸或坛内。栗与沙的比例为 1∶3,置放在 0℃～6℃的阴凉处,或埋入地窖里。

2. 冰箱保鲜室贮藏 将栗子装入塑料袋,不需扎口,放入 0℃～5℃的保鲜室内。

3. 食盐水液藏　将栗子洗净,放入 10%食盐溶液中。食用前再用清水脱盐。其缺点是口味变淡,肉质变脆,不易煮烂。

4. 稻谷层积贮藏　选择凉爽、通风的场所,将采收的总苞堆成高不超过 60 厘米的薄层,同时每隔 5 米插一把玉米杆,让其发汗。至总苞外表没有水分时,选饱满完整、无病虫害的总苞,按 1 份栗苞与 2 份稻谷混匀,使栗苞相互不接触,在阴凉通风的室内堆高 1 米贮藏。在贮藏期内,每隔 20～30 天翻动一次。

据陕西省杨凌西北植物研究所薛海兵报道,在汉中进行的贮藏试验,贮藏 4 个月后,好果率仍在 96%以上,且对稻谷的质量没有任何影响。

第三节　简易加工增值

一、认识误区和存在问题

每逢谈到加工,许多栗农就要把它和工厂、机械设备、雄厚的资金联系起来,因此望而生叹。觉得对农民来说,那是可望而不可即的事情。还有的认为,卖鲜栗是老祖宗传下来的老习惯,农户搞加工风险大。其实,这些认识都是片面的、守旧的。

在市场经济条件下,商品的营销贵在创新,具有敢越雷池的开拓精神,体察并顺应消费者需求,就能找到产品市场的空白点。现在,很多栗农已经采用变化多端的简易加工与营销术,实现了板栗的大幅度增值。

二、简易加工增效实例

板栗营养丰富,是营养保健专家与中医药专家推荐的集食用、药疗和保健于一身的健康食品。板栗的这一优势,为其简易加工增值奠定了基础。山东省临沂市郊栗农刘某,种植板栗 0.12 公顷(1.8 亩),2005 年总产量为 675 千克。自 9 月中旬新栗开始采收起,就到市区开设了"糖炒栗子"摊点。由于当时正逢旅游旺季,流动人口较多,需求量大,至 10 月 10日,所产板栗全部经糖炒后,以每千克 17 元售出,总收入9 180 元,扣除其加工及出售过程中的费用 1 101 元,纯收入8 075 元,平均每千克(鲜栗)售价为 11.97 元,是当时市场收购价的 2.9 倍。在北京郊区,每逢双休日和节假日,市民合家出游"农家乐"已成为一种时尚。精明的栗农,用板栗做成美味佳肴、药膳和副食,既受到游客的喜爱,又实现了大幅度增值。如一盘五香栗子,用栗子肉 250 克,再加少量葱、姜、料酒、盐与五香粉等调料制作而成,售价为 8～12 元,扣除其他用料及费用,每 1 千克板栗售价折合为 18 元左右。再如,1 千克板栗制成栗子面后,加上糖和小米面等少许配料,可做成传说是清朝慈禧太后喜欢吃的栗子面小窝头 18 个,每个售价 2 元,扣除其他费用,每 1 千克板栗售价折合 21 元左右。

三、简易加工实用方法

实用加工方法很多,现择其中简便易行、投资较小和适于农户应用的方法,介绍如下:

(一)糖炒栗子

【工 具】 铁锅、铁铲、炉灶和砂子(直径 3 毫米左右,清洗干净)。

【**制作方法**】 先将砂子放入锅内,用文火炒至烫手(约60℃)时,再加入已清洗干净的栗子,沙与栗子的比例为2∶1。然后不停地翻动,以使栗果均匀受热,翻炒约半小时,栗壳颜色由深变浅,少数已开始开裂,此时已接近炒熟,再徐徐加入糖液(1∶1水与红糖制成,白糖也可),并且边加边炒,经5分钟左右,待糖液包敷在栗皮表面,使栗子发亮时,即可出锅,倒入铁筛将已炒好的栗子筛出,放入保温筐(筒)内,砂子复锅继续使用。燃材用木柴、煤均可,以木柴为最佳。

【**注意事项**】 ①为提高糖炒栗子的品质,应将采收的栗子洗净后在室内阴干10天左右,以增加糖分含量,并易于剥取栗肉。但阴干时间不能过长,否则果肉松软度降低,同时重量下降。②栗子炒前应大小分级,以免大小混杂使成熟不一致。

糖炒栗子亦可进行工厂化生产。采用每分钟20转的旋转筒,将栗子与砂按比例混合后,同时放入筒内,筒下用液化气做燃料,边加热,边转动转筒。当栗子外表经敲打呈鼓壳,用力敲打外壳即裂开,栗肉与涩皮分离,即已成熟。炒熟后,将筛出的栗子乘熟放入少量糖和麻油充分搅拌,然后装入特制的复合膜袋内。装入量用机械控制,而后真空充气(充入氮气或二氧化碳气),最后密封。这样,糖炒栗子放置较长时间仍香甜可口。

(二)板栗副食制作

1. 栗 子 糕

【**配 料**】 栗子500克,白糖50克,水100毫升,桂花酱、青红丝各少许。

【**制 作**】 将栗子脱去外壳和内皮,切成薄片,放入碗内加水100克,上笼用旺火蒸熟后取出,沥干水,放于板上,用刀拍成碎泥,再撒上糖卤及桂花酱,调匀摊平,约 1.2 厘米厚,上撒白糖和青红丝,稍压实,切成约 1.5 厘米宽的菱形块,整齐码放在盘中。

2. 桂花栗子羹

【配　料】　栗子 250 克,白糖 150 克,糖桂花少许,湿淀粉适量,红枣(蒸酥去核)50 克。

【加　工】　先将栗子切成深度达栗肉 1/2 处的"十"字刀口,放入沸水锅中约 3 分钟,捞出,脱去外壳和内皮。放入碗中上笼,蒸至酥透出笼。冷后切成小块。

【制　作】　锅中放一大碗水,放入白糖、栗子和红枣,烧滚至糖溶化于水中,放小火略焖,放入糖桂花,洒入湿淀粉,推匀,勾成玻璃形薄芡,出锅装盘。

3. 糯米栗子羹

【配　料】　糯米 100 克,熟栗子肉 150 克,桂花 2.5 克,湿淀粉 100 克,白糖 150 克,清水 500 毫升。

【制　作】　把糯米用冷水洗净,熟栗子肉切成指甲片。将钢精锅置于火上,放入清水烧滚后,放入糯米,用勺不断轻轻推动,不使其粘连,烧滚加白糖、桂花和栗肉片,再烧滚后见糯米已经透明无白点时,用湿淀粉勾芡,出锅装入大汤碗便成。

4. 栗子酱

【配　料】　栗子肉 1 千克,白糖 1 千克,果胶 10 克,冷水 1 升。

【制　作】　板栗剥皮(见栗子羹),把捣碎的栗肉和水一起倒入锅中,搅拌使二者充分混合,置于旺火上煮沸 5 分钟,加入白糖,用力搅拌。待白糖溶化后,改用小火煮 15 分钟。为防止煳锅,应不停地搅拌。将果胶倒入少许水中,上火加热,待果胶充分溶化后,将胶溶液倒入果酱锅内,搅拌均匀,再煮 10 分钟,即可停火。

将栗子酱倒入干净的容器里,加盖密封。若想较长时间存放,可在栗酱表面撒上一层白糖,再盖严,放入冰箱保鲜室内。

5. 栗子面小窝头

【配 料】 栗子面 450 克,小米面 150 克,白糖 300 克,糖桂花少许。

【制 作】 将栗子面、小米面、白糖和糖桂花,倒入面盆内,拌匀,用温水和成面揉透。再把揉好的面团,搓成直径约 1.5 厘米的长条,揪成重约 50 克的小面剂,把面剂揉圆后,用手指在面团上捅一小洞(不要捅穿),洞的上方揉捏成小山包似的尖顶,即成小窝头生坯。把小窝头生坯放入笼屉内,旺火沸水蒸 10～12 分钟即熟。

(三)板栗药膳制作

1. 板栗烧猪肉 精瘦肉 500 克,板栗 250 克去皮,一起红烧至熟烂,即可食用。适用于肺燥型久咳、少痰的慢性气管炎。

2. 零食炒板栗 将板栗炒熟(糖炒、清炒均可),当零食吃。适用于维生素 B_2 缺乏症。

3. 二米栗子粥 栗子 20 个,大米和小米各 100 克,共煮栗子粥。主治肾虚、腰脚痿软症。

4. 栗子糊膏 取栗子 9～11 枚,去壳捣烂,加水煮成糊膏,再加白糖适量调味,哺喂小儿,可治消化不良、腹泻,成人用量可加倍。

5. 栗 子 粥 栗仁 50 克,粳米 100 克,加水煮粥。既能健运脾胃,增进食欲,又能补胃强筋骨,尤其适合于老年人功能退化所引起的胃纳不佳、腰膝酸软、步履蹒跚。正如民间流传的谚语所说:"腰酸腿软缺肾气,栗子稀饭赛补剂"。

(四)板栗菜肴制作

1. 板栗素鸡

【配　料】　素鸡(豆制品)200 克,板栗肉 100 克,酱油 40 克,白糖 5 克,姜末 2.5 克,黄酒 15 克,湿淀粉 10 克,味精 1 克,高汤 200 克,芝麻油 10 克,花生油 50 克。

【制　作】　将素鸡切成长 3 厘米左右的滚刀块,板栗仁一切两半,放入锅中煮熟后捞出。锅置于火上,放入花生油 25 克,烧至 7 成热时,将素鸡块入锅,略炸至外层呈淡金黄色时捞起。锅内留余油,再加入花生油 25 克,放入板栗肉煸炒至大半熟,再加入素鸡继续煸炒少许,加酱油、白糖、姜末、黄酒、高汤烧滚后,改小火焖烧 5 分钟,改用旺火,加入味精,用湿淀粉勾芡,淋上芝麻油装盘。

2. 板栗烧肉

【配　料】　新鲜五花猪肉 500 克,板栗肉 250 克,酱油 100 克,料酒 50 克,白糖 50 克,精盐 1 克,鲜生姜片数片,葱 50 克。

【制　作】　猪肉洗净切成 2 厘米见方小块,放入锅中,加入酱油、料酒、姜片、葱段,在旺火上烧煮片刻。肉上着颜色后,加汤淹过肉面,烧开移至文火上烧煮。待肉烧至微酥时,加入已剥皮的栗肉,共同烧煮,待肉栗都烧酥时加入精盐和白糖,再煮片刻即成。在烧煮的过程中,要轻翻,以防肉和栗子被翻碎。

3. 五香栗子

【配　料】　栗子 250 克,葱段、料酒各 25 克,姜片、精盐各 10 克,五香粉少许。

【制　作】　剥去栗子外壳和内皮,装入碗内,加入调料,上屉蒸烂，出锅后装盘。酥烂糯软，栗香之外，别有异香。

4. 栗子鸡

第一种做法：

【配　料】　白条鸡 750 克，栗子 250 克，油、葱、姜、酱油、黄酱和花椒水各适量。

【制　作】　将鸡剁成块。锅热放油，油起烟煸炒鸡块，放入以上调料，装盘上屉蒸熟。再将已去皮的栗子过油稍炸，再蒸至熟烂。最后，将鸡栗合并成一菜。

第二种做法：

【配　料】　同第一种做法。

【制　作】　先煸炒鸡块，待肉发白收缩时，放入适量高汤，加入调料，温火焖炖。待肉熟时放入炸过的栗肉，一起再焖至栗子熟烂。然后将汁液收浓，再调一下味即成。栗子鸡的配料，还可以放笋尖或芋头。这种做法的成品，菜色金黄，肉软嫩，味鲜美，并有甜栗的幽香。

第三种做法：

【配　料】　嫩鸡肉（去骨带皮）160 克，栗子肉 60 克，酱油 30 克，精盐 0.6 克，料酒 9 克，芝麻油 50 克，淀粉 8 克，高汤 55 克，白糖 4 克，食用油 500 克（作炸料用油约耗 30 克），葱段 30 克。

【制　作】　鸡肉洗净，皮朝下放在菜墩上，用刀来回轻轻排斩，刀深约至肉厚 1/5，然后再斩成小方块（15～20 块），用精盐和淀粉（3 克）拌匀备用。栗子一切为二，再将料酒、酱油、白糖和淀粉 5 克，放入碗中，调汁待用。

将炒锅在旺火上烧热，放入食用油 500 克，烧至锅边起小泡时，把鸡肉和栗子同时放入，用筷子搅散，炸 30 秒左右捞出，沥去油。倒出锅中余油，趁热放入葱段爆炒，见呈黄色时把鸡肉栗子放入，随即倒入调好的汁，加入高汤，翻炒约 10 秒钟，淋入芝麻油即成。

5. 板栗红煨鸽（砂锅）

【配　料】　肥嫩鸽子 3 只，板栗 500 克，五花肉 500 克，桂皮 15 克，料酒 50 克，盐 5 克，冰糖 15 克，酱油 25 克，甜酒汁 50 克，味精 1.5 克，胡椒粉 1 克，葱 25 克，姜 15 克，湿淀粉 25 克，香油 15 克，花生油 1 000 克（实耗 100 克）。

【制　作】　将五花猪肉切块，下入沸水汆过洗净；葱白切段；姜拍破；板栗脱去外壳与内片，下油炸熟捞出；鸽子宰杀脱毛洗净，开膛去内脏，下入沸水锅汆过捞出，擦干表面水分，抹上甜酒汁，下油锅炸成浅红色。

在砂锅中放入葱、姜、桂皮、五花猪肉块和鸽子，再加入料酒、盐、冰糖、酱油和适量水，在旺火上烧开，撇去浮沫，改用小火煨，煨到九成熟时，加入板栗，然后煨至酥烂。食用前，取出板栗鸽子倒在盘内，去掉葱、姜、桂皮。再将锅中原汁收浓，湿淀粉调稀勾芡，加入葱段、味精和胡椒粉后，浇盖在盘中，淋上香油。

第四节　灵活多变的增值营销方式

在市场经济的环境中，谁能巧妙灵活地运用促销术，谁就能在竞争中取得高人一筹的效益。

一、寻找市场空白点

农村集市贸易，仍是村镇居民进行商品交易的重要场所。在板栗产区的周边地区，都联着非栗产区。这些非栗产区的集市，往往就成了板栗销售的空白点。栗农李某抓住这一特点,在活动半径 15 公里的范围内,四处赶集,所出售板栗的平均价格比在栗产区就地卖给商贩高 78%。

二、个性化销售

板栗的刺苞对未见过栗树结果状的城市人,极具魅力。在盛产板栗的生态旅游区,一些栗农把计划在冬季修剪中于基部重短截或疏除的结果枝,在即将成熟时,带叶剪下,做成花束一样,包装保湿出售,很受游客特别是少年儿童的喜爱,售价颇丰。在江西省龙虎山风景旅游区,一枝着有三个栗苞的果枝,卖价 1 元,1 千克栗实折价约 12 元,是同期板栗售价的 2.2 倍。浙江省诸暨市东白湖镇螽斯畈村,常年产板栗 7 万千克左右。该村抢在新栗上市之前,把鲜美可口的嫩栗子运到城市大酒店试销,很受商家和食客欢迎,并很快吸引来了杭州、上海等大城市的收购者,价格比正常成熟的栗子高出一倍。

三、自选采摘销售

像很多生态旅游区的采果园那样,由游客进园,自己挑选果实采摘,售价一般高 20%～30%。

四、租赁代管销售

在一些城郊的栗产区,栗农为了满足部分城市人拥有自己的果园,作为休闲劳作和培养未成年子女的场所的梦想,将几株栗树或一小片栗园,租赁给城里的消费者。双方签订租赁合同。平时由出租人——栗农代为进行正常栽培管理和看护,承租人可随时到栗园观光和进行休闲式操作,果实归承租人所有。这种销售办法,栗农一般可增收一倍左右。

主要参考文献

1　河北农业大学·果树栽培学总编·北京：中国农业出版社，1982

2　刘振岩，李震三，王凤才等·山东果树·上海：上海科学技术出版社，2000

3　张铁如·板栗无公害高效栽培·北京：金盾出版社，2004

4　张铁如·板栗整形修剪图解·北京：金盾出版社，2005

金盾版图书,科学实用,
通俗易懂,物美价廉,欢迎选购

板栗栽培技术(第二版)	6.00元	柑橘丰产技术问答	12.00元
板栗园艺工培训教材	10.00元	柑橘整形修剪和保果技	
板栗病虫害防治	8.00元	术	7.50元
板栗无公害高效栽培	8.50元	柑橘整形修剪图解	8.00元
板栗贮藏与加工	7.00元	柑橘病虫害防治手册	
板栗良种引种指导	8.50元	(第二次修订版)	19.00元
板栗整形修剪图解	4.50元	柑橘采后处理技术	4.50元
怎样提高板栗栽培效益	9.00元	柑橘防灾抗灾技术	7.00元
怎样提高核桃栽培效益	8.50元	柑橘黄龙病及其防治	11.50元
核桃园艺工培训教材	9.00元	柑橘优质丰产栽培	
核桃高产栽培(修订版)	7.50元	300问	16.00元
核桃病虫害防治	6.00元	柑橘园艺工培训教材	9.00元
核桃贮藏与加工技术	7.00元	金柑优质高效栽培	7.00元
核桃标准化生产技术	12.00元	宽皮柑橘良种引种指导	15.00元
大果榛子高产栽培	7.50元	南丰蜜橘优质丰产栽培	9.50元
美国薄壳山核桃引种及		无核黄皮优质高产栽培	5.50元
栽培技术	7.00元	中国名柚高产栽培	6.50元
苹果柿枣石榴板栗核桃		沙田柚优质高产栽培	9.00元
山楂银杏施肥技术	5.00元	遂宁矮晚柚优质丰产栽培	9.00元
柑橘熟期配套栽培技术	6.80元	甜橙优质高产栽培	9.00元
柑橘无公害高效栽培	15.00元	甜橙柚柠檬良种引种指	
柑橘良种选育和繁殖技		导	16.50元
术	4.00元	锦橙优质丰产栽培	6.30元
柑橘园土肥水管理及节		脐橙优质丰产技术	14.00元
水灌溉	7.00元	脐橙整形修剪图解	4.00元

以上图书由全国各地新华书店经销。凡向本社邮购图书或音像制品,可通过邮局汇款,在汇单"附言"栏填写所购书目,邮购图书均可享受9折优惠。购书30元(按打折后实款计算)以上的免收邮挂费,购书不足30元的按邮局资费标准收取3元挂号费,邮寄费由我社承担。邮购地址:北京市丰台区晓月中路29号,邮政编码:100072,联系人:金友,电话:(010)83210681、83210682、83219215、83219217(传真)。

葡萄无公害高效栽培	12.50元	猕猴桃施肥技术	5.50元
葡萄良种引种指导	12.00元	柿树良种引种指导	7.00元
葡萄高效栽培教材	6.00元	柿树栽培技术(第二次修	
葡萄整形修剪图解	6.00元	订版)	7.00元
葡萄标准化生产技术	11.50元	柿无公害高产栽培与加	
怎样提高葡萄栽培效益	12.00元	工	9.00元
寒地葡萄高效栽培	13.00元	柿子贮藏与加工技术	5.00元
李无公害高效栽培	8.50元	柿病虫害及防治原色图	
李树丰产栽培	3.00元	册	12.00元
引进优质李规范化栽培	6.50元	甜柿标准化生产技术	8.00元
李树保护地栽培	3.50元	枣树良种引种指导	12.50元
欧李栽培与开发利用	9.00元	枣树高产栽培新技术	6.50元
李树整形修剪图解	5.00元	枣树优质丰产实用技术	
杏标准化生产技术	10.00元	问答	8.00元
杏无公害高效栽培	8.00元	枣树病虫害防治(修订版)	5.00元
杏树高产栽培(修订版)	7.00元	枣无公害高效栽培	10.00元
杏大棚早熟丰产栽培技		冬枣优质丰产栽培新技	
术	5.50元	术	11.50元
杏树保护地栽培	4.00元	冬枣优质丰产栽培新技	
仁用杏丰产栽培技术	4.50元	术(修订版)	16.00元
鲜食杏优质丰产技术	7.50元	枣高效栽培教材	5.00元
杏和李高效栽培教材	4.50元	枣农实践100例	5.00元
李树杏树良种引种指导	14.50元	我国南方怎样种好鲜食	
怎样提高杏栽培效益	10.00元	枣	6.50元
怎样提高李栽培效益	9.00元	图说青枣温室高效栽培	
梨树良种引种指导	7.00元	关键技术	6.50元
银杏栽培技术	4.00元	怎样提高枣栽培效益	10.00元
银杏矮化速生种植技术	5.00元	山楂高产栽培	3.00元
李杏樱桃病虫害防治	8.00元	怎样提高山楂栽培效益	9.00元
梨桃葡萄杏大樱桃草莓		板栗标准化生产技术	11.00元